本书由国家自然科学基金面上项目“考虑碳排放转移影响的区域协同减排机理及效率提升研究（项目编号：71473107）”“碳规制下基于多重冲突均衡的供应链碳排放转移机理及优化策略研究（项目编号：71874071）”资助出版。

碳排放转移

宏观涌现与微观机理

Carbon Emission Transfer

MACRO-EMERGENCE AND MICRO-MECHANISM

孙立成——著

镇 江

图书在版编目(CIP)数据

碳排放转移：宏观涌现与微观机理 / 孙立成著. —
镇江：江苏大学出版社，2019.11
ISBN 978-7-5684-1238-4

Ⅰ. ①碳… Ⅱ. ①孙… Ⅲ. ①二氧化碳－排气－研究
Ⅳ. ①X511

中国版本图书馆 CIP 数据核字(2019)第 257414 号

碳排放转移:宏观涌现与微观机理
Tanpaifang Zhuanyi: Hongguan Yongxian Yu Weiguan Jili

著　　者/孙立成
责任编辑/仲　蕙
出版发行/江苏大学出版社
地　　址/江苏省镇江市梦溪园巷 30 号(邮编：212003)
电　　话/0511-84446464(传真)
网　　址/http://press.ujs.edu.cn
排　　版/镇江市江东印刷有限责任公司
印　　刷/虎彩印艺股份有限公司
开　　本/890 mm×1 240 mm　1/32
印　　张/6.875
字　　数/208 千字
版　　次/2019 年 11 月第 1 版　2019 年 11 月第 1 次印刷
书　　号/ISBN 978-7-5684-1238-4
定　　价/40.00 元

如有印装质量问题请与本社营销部联系(电话:0511-84440882)

前　言

在后京都时代，低碳发展已成为世界各国的普遍共识，并将是未来世界各国经济发展的主要旋律。然而，在当前的产业格局下，越来越多的发达国家或地区凭借其技术、标准和软件的优势，将高排放量的产业或产业的低端制造环节转移到中国等发展中国家或地区，使得中国等发展中国家或地区成为其碳排放转移的阵地。实践表明，合理的碳排放转移不仅是一个国家或地区产业转型升级、经济高质量发展的诉求，而且也是不同国家、地区乃至产业部门优势互补、协同发展的重要基础；不合理的碳排放转移不但会扰乱各减排主体的减排行为，而且也难以真正有效地降低一个国家、地区或供应链整体的碳排放量。可见，在新时期，准确提炼不同层面减排主体间碳排放转移的内在规律、挖掘其外在影响对因地制宜制定不同减排主体的减排体系、实现区域整体减排目标有着重要意义。

本书以可持续发展理论、供应链理论等为指导，分别从区域和产业视角揭示碳排放转移的宏观涌现规律；从供应链减排主体企业视角提炼碳排放转移的理论机理及其影响。本书共分为 8 章，具体如下：

第 1 章详细阐述本书的研究背景、研究意义，梳理当前有关碳排放转移的研究成果，提出本书的研究内容、研究方法及主要创新点。

第 2 章在碳排放转移内涵界定的基础上，以中国省区为研究对象，通过构建区域碳排放转移量化测度模型，实证测度中国省际区域间碳排放转移；基于综合考虑经济与空间距离的空间计量经济学模型，提炼中国省际区域间碳排放转移特征；最后，测度分析碳排放转移的经济溢出效应和减排效应。

第 3 章以中国产业部门为研究对象，基于产业部门间碳排放转移量量化测度，提炼产业部门碳排放转移静态和动态特征；通过测度产业碳排放转移经济效应，以及产业间碳排放合理转移准则，提出产业间碳排放转移优化策略。

第 4 章通过提炼区域协同减排影响因素，综合应用系统动力学模型验证各因素的影响关系；再以协同学理论为指导，在碳排放转移影响下，提炼不同情境下区域协同减排机理；最后，分析不同碳排放初始配额对区域协同减排影响下的特征。

第 5 章从微观供应链减排主体企业视角，研究供应链主体企业间碳排放转移形成的动机及其影响；分析碳排放转移动机不足时，促进供应链主体企业间碳排放转移动机形成的优化策略及其对供应链运营策略的影响，揭示供应链碳排放转移微观形成机理。

第 6 章将碳排放转移引入具有竞合关系的供应链体系中，分别在集中、分散情境下，重点分析供应链横向主体间无竞争关系和有竞争关系下，碳排放转移对供应链运营策略的影响，提炼供应链碳排放转移的微观影响机理。

第 7 章基于考虑碳排放转移影响的供应链超网络模型的构建，分别在需求确定和需求不确定 2 种情境下，分析供应链各主体内部均衡及供应链整体均衡条件及其运营策略，有助于整体上系统地揭示碳排放转移微观作用机理。

第 8 章针对本书有关碳排放转移的研究结论，提出相应的政策建议及研究展望。

本书由国家自然科学基金面上项目“考虑碳排放转移影响的区域协同减排机理及效率提升研究（项目编号：71473107）”及“碳规制下基于多重冲突均衡的供应链碳排放转移机理及优化策略研究（项目编号：71874071）”资助出版。

由于本人能力和水平有限，书中难免存在疏漏之处，恳请广大读者指正。

著　者

2019 年 8 月

目　录

微观篇

第1章　绪　论

1.1　研究背景

由全球气候变暖所引发的碳减排问题已经成为人们广泛关注的焦点。从《京都议定书》的签订到《巴黎协定》的生效，尽管美国政府在2017年8月正式向联合国提交退出《巴黎协定》的意向书，但在后京都时代，减少全球碳排放量、促进区域可持续发展仍是当前多数国家的共识。基于此，多国政府均积极推动并构建适应于其国家发展战略的碳规制体系，如碳配额交易市场的构建、碳税的征收、CMD机制的完善等，但这些减排政策并未有效地减少全球碳排放量。据国际能源署(International Energy Agency，IEA)的数据显示，受能源需求上升的影响，2018年全球能源消耗的二氧化碳排放量增长了1.7%(约5.6亿吨)，总量达到331亿吨，创历史新高。其中，2018年中国二氧化碳排放总量增长了2.5%，约2.3亿吨，总量达到95亿吨，约占全球总量的28.7%。为此，中国政府继2009年提出"单位国内生产总值二氧化碳排放量到2020年将比2005年下降40%～45%"之后，2015年又提出"2030年单位国内生产总值二氧化碳排放量比2005年下降60%～65%"的减排目标。即便如此，中国的碳排放总量也还远未达到最高峰，据预测，中国碳排放量的峰值年份为2030—2040年。这意味着在未来很长一段时间里，中国碳排放总量将会持续增长，所面临的碳减排压力也将日趋增大。

然而，由于当前国际上碳计量均是以一国本土碳排放量为核算基准,因此,在具体碳减排实践中,为达到预期的碳减排目标,越来越多的发达国家(或地区、产业)凭借其在商品或服务中的相对或绝对优势地位,通过贸易将其本该承担的碳排放转移到诸如中国等发展中国家(或地区、产业)(Schaeffer et al,1996;Weber et al,2007)。数据表明,发展中国家温室气体排放增长量的1/4源自于发达国家商品和服务贸易的增加(Guan,2009),其中,中国每年碳排放转移量就高达12亿吨,占中国目前碳排放总量的近20%。其中,在2000—2013年,中国碳排放总量约多估计了15%,约为106亿吨(Liu et al,2016),接近中国2017年的碳排放总量。就中国国内而言,由于中国省际区域间有着紧密的经济联系,因此,由国内省际区域间商品流动所引发的碳排放空间转移比国际碳排放转移的范围更为广泛。实践表明,区域间碳排放转移虽然在一定程度上会导致区域碳减排责任分配的不公,进而影响区域碳减排整体目标的分解与实现,但合理的碳排放转移却是区域产业结构调整、升级与优化的需要,是区域经济可持续健康发展不可或缺的一部分。可见,如何在碳排放转移环境下解决区域碳减排问题将是各级政府所面临的一个重要问题。

同时,由于企业是实现区域乃至行业碳减排目标的主要承担单元,无论是省际区域间碳排放转移还是行业间碳排放转移,虽然在表面上均是由不同区域或行业间商品流动所引起的,但在本质上最终均是由供应链中相互关联、相互影响的上下游企业间商品流引起的。可见,要科学准确地解析碳排放转移宏观涌现规律就需要进一步从微观供应链上下游企业视角揭示碳排放转移机理,这是因为,在理性人假设条件下,当外生宏观碳规制作用于微观减排主体企业时,作为具有典型理性人特征的微观企业将会以追求自身利益最大化来实现其减排目标,而将其本该承担的碳减排量转移给供应链上下游其他企业,这往往是其双重目标的最优选择。这种独立的企业行为不但会打破其所在供应链上的初始均衡,而且也使得供应链整体难以实现其经济与减排效益的最大化,并最终形成供应链内企业及供应链整体利润目标和减排目标的多重冲突。

基于此，为准确科学地界定区域、产业及企业的碳减排责任，优化区域、产业及企业间碳排放转移结构，在宏观上，本书以中国省际区域和产业为研究对象，在可持续发展理论、低碳发展理论、投入产出理论、协同学理论等指导下，重点研究了区域和产业碳排放转移特征、经济效应、减排效应及协同减排等基础性科学问题，旨在归纳出碳排放转移的宏观涌现规律；在微观上，以供应链理论、超网络理论、博弈论等为指导，主要就供应链企业间碳排放转移动机及优化、减排策略影响及网络均衡等理论问题展开系统的研究，旨在挖掘碳排放转移的微观形成、传导及影响机理。

1.2 研究意义

本书在结合现有研究成果的基础上，在可持续发展等理论的指导下，主要就碳排放转移宏观涌现及微观机理等相关基础性科学问题展开系统的研究工作。本书研究的理论意义和实践意义具体如下：

（1）理论意义

在宏观上，本书首先以投入产出理论为指导，通过构建区域碳排放转移投入产出测度模型，测度产业及区域碳排放转移量，并分析产业及区域整体及部分的转移特征，为理解产业及区域碳排放转移的形成、碳排放初始配额的准确确定提供理论基础；其次，在测度区域碳排放转移的基础上，结合空间计量经济学及面板数据模型分析产业和区域碳排放转移的经济溢出效应及减排效应，有助于进一步理解碳排放转移对经济发展的作用，也是优化碳排放转移结构的根本；再次，综合应用投入产出结构分解模型，从影响分析视角提炼产业碳排放转移的各影响因素；最后，基于协同学理论，在碳排放转移影响下，提炼区域协同减排机理及其影响因素，为合理促进区域协同减排提供理论支撑。

在微观上，本书首先将碳排放转移引入供应链层面，提炼供应链企业间碳排放转移的转移动机,揭示碳排放转移影响下供应链企业运营决策及优化,丰富了碳排放转移微观理论体系;其次,在碳排放微观转移环境下,剖析供应链企业间竞合关系及其微观主体企业碳减排策略;最后,通过构建“供应商一制造商一零售商”三级供应链超网络结构模型,对微观供应链企业间网络同层成员的策略性互动行为、层内成员的协调关系及获得供应链网络均衡的最优性条件进行研究,为低碳供应链体系的构建提供理论依据。

(2) 实践意义

以中国省际区域及产业为研究对象的实证分析,有助于准确把握中国省际区域及产业间碳排放转移的总量、结构及转移特征,正确认识区域和产业碳排放转移的影响因素及其作用机理;有助于从考虑区域碳排放转移影响的角度,科学合理地分配区域碳减排初始配额,促进区域协同减排;同时也有助于正确地把握区域和产业碳减排目标实现的调控路径,对区域及产业乃至国家整体碳减排目标的实现有着重要的实践指导意义。同时,在微观上,通过对供应链碳排放转移微观机理的提炼,能够有效地引导企业间碳排放转移,为供应链企业低碳运营提供实践参考;有助于指导低碳供应链具体策略的制定和实施,为供应链企业低碳运营策略的优化提供有效的决策依据。

1.3 国内外相关研究

自20世纪90年代以来,区域碳减排相关问题成为国内外研究的热点,学者们取得了一系列开创性的研究成果,这些成果均为本项目命题的提出提供了重要的理论支撑。依据本项目所界定的研究范畴,以下着重就与本项目研究相关的区域碳排放转移、低碳供应链相关研究成果进行简要的回顾与综述。

1.3.1 碳排放转移的内涵及形成机制

在内涵上,碳排放转移和隐含碳相同,是区域间碳泄漏的具体表现形式,指的是由于一国(或地区)实施减排政策而导致该国(或地区)以外的国家(或地区)的温室气体排放量增加的现象(Julia Reinaud,2008)。Burniaux 和 Oliveira - Martins(2000)认为其产生主要有以下2个原因:一是碳密集型产业向非减排国家的转移,必然导致更多不受控制的温室气体增排,产生消极的碳源转移;二是出于减排成本的考虑,将高污染、高能耗及资源型行业转移到不受减排目标约束的国家,再从这些国家进口低附加值产品或者半成品,同时,也带来了积极的碳排放转移。

从碳排放转移的形成机制来看,目前主要有3种解释。一是"搭便车"转移。Carraro 和 Siniscalo(1992)及 Barrett(1994)的研究指出,环境质量是一种公共财产,发达国家通过将能源密集型产业转移这种"搭便车"行为,减少自己的碳排放压力,增加发展中国家的负担。"搭便车"转移机制是碳源转移的泄漏途径(Babiker,2005)。二是"专业化"转移。Siebert(1979)及 Copeland 和 Taylor(2005)等的研究指出,发达国家碳排放贸易的引进使那些没有减排指标的发展中国家竞争优势得到显著增强,这些国家将会增加碳密集型产品的生产。三是"供应端"转移。这种机制是由 Sinn(2008)在 Felder(1993)和 Babiker(2000,2005)的研究的基础上进行数值模拟提出的。

1.3.2 碳排放转移的模型测度及流向

从模型测度来看,学者们主要从2个方向展开。一个研究方向是采用不同的模型,在对发达国家所采取的政策工具及全球排放情境不同假设的基础上,就《京都议定书》的执行所导致的碳泄漏率进行情境模拟测度。具体测度结果见表1-1。在各模型分析中,具体情境假设的不同导致了表1-1中碳泄漏率的差异较大,但通过模型测度的结果可以得出一致的结论,即在现有的可能存在的情境下,区域间碳泄漏普遍存在,且泄漏率偏高的概率较大。

表 1-1 不同模型在情境不同假设的基础上对碳泄漏率的测度结果

模型名称	作者	泄漏率/%
Merge	Manne 等(1998)	20
EPPA-MIT	Babiker 等(1999)	6
G-Cubed	McKibbin 等(1999)	6
GREEN	OECE(1999)	5
GREEN(充分利用弹性机制的情境)	OECE(1999)	2
静态一般均衡贸易模型	Light 等(1999)	21
WordScan	Bollen 等(2000)	20
MERGE 3.1	Li Yun(2000)	4.8
GTAP-EG	Paltsev(2000)	10.5
GTAP-E	Kuik 等(2003)	15
多区域世界经济 CGE 模型	Babiker(2005)	130

另一个研究方向是在区域间贸易框架体系下,就多区域间碳排放转移量所展开的实证测度。如 Shui 和 Harris(2006)利用相关软件计算了 1997—2003 年中国对美国出口货物的碳排放系数。Li 和Hewitt(2008)的研究发现,2004 年通过进口中国商品,英国的国内碳排放总量降低了近 11%。Wang 和 Watson(2007)则发现 2004 年中国净出口碳排放约占国内碳排放总量的 23%。然而,上述方法忽略了上游中间产品生产排放的间接影响。为此,学者们应用投入产出模型来测度贸易中碳排放转移量,如 Weber 和 Matthews(2007)、Schaeffer 和 Leal(1996)、Tunc 等(2007)、Ahmad和 Wyckoff(2003)、Peters 和 Hertwich (2008) 等。

国内学者也展开了一系列的实证研究工作。例如,齐晔等(2008)的测算表明,2006 年中国净出口产品的碳排放量已占碳排放总量的 29.3%;陈迎等(2008)的研究发现,考虑加工贸易情况下,2006 年中国出口碳排放量约为 31.4 亿吨,净出口内涵碳排放量达 12.5 亿吨。此外,刘强等(2008)还利用全生命周期方法研究了中国重点出口产品的碳排放量；张晓平(2009)利用投入产出法测算了2000—2006年中国货物进出口贸易产生的CO_2排放区位向中国的转移效应；姚亮和刘晶茹(2010)利用EIO-LCA方法核算了1997年中国八大区域间产品(服务)隐含的碳排放在区域之间流动和转移总量；王媛等(2011)运用多区域投入产出模型计算了2007年产业完全碳排放强度，并分析了国际分工背景下的中国贸易隐含碳空间转移路径；石敏俊等(2012)应用区间投入产出模型，定量测算了各省区的碳足迹和省区间的碳排放转移。

从碳排放转移的流向来看，其流向较为复杂，Guan和Reiner(2009)的测算表明，发展中国家温室气体排放增长量的1/4源于与发达国家商品和服务贸易的增加。樊纲等(2010)的研究表明，中国有14％～33％(或超过20％)的国内实际排放是由他国消费所致，而大部分发达国家如英国、法国和意大利则相反。McKibbi等(1999)则认为大多数由于执行《京都议定书》而引起的资本转移将发生在减排国家之间，而不是流向非减排国家。而李小平和卢现祥(2010)得出，我国医药业碳排放有向发达国家转移的趋势。

1.3.3 碳排放转移的影响因素

Mustafa和Babiker(2005)研究了气候政策变化、市场结构对碳泄漏的影响及其关系。Steffen等(2007)运用CGE模型针对不同基准的CMD机制对碳泄漏的影响进行研究，指出CMD机制将对碳泄漏产生积极的影响。我国学者闫云凤和杨来科(2010)采用投入产出法和结构分解分析，计算了我国出口贸易隐含碳排放增长的影响因素。刘红光等(2011)在厘清区域间相互贸易中隐含碳排放的复杂关系的基础上，利用非竞争型投入产出表，构建了两区域产业能源活动碳排放联系模型，明确了区域间贸易产生的隐含碳排放转移问题。蒋雪梅等(2013)采用结构分解方法从时间维度上对各国出口贸易隐含碳强度的变化进行了分析。

1.3.4 低碳供应链相关研究

从研究内容来看，本书有关供应链碳排放转移的相关研究内容隶属于低碳供应链的研究范畴，指的是在供应链整体利润和碳减排双重约束下,所有一切有利于实现供应链低碳发展的碳排放转移行为,这也是低碳供应链构建的重要基础。考虑到当前直接有关供应链碳排放转移的相关研究较少,本部分主要对低碳供应链相关研究文献进行梳理。从现有文献来看,当前有关低碳供应链的相关研究主要是在 MRC(1996)和 Drumwright(1994)等有关绿色供应链和可持续供应链研究基础上提出的,重点就低碳供应链影响因素、低碳供应链设计、低碳供应链中企业运作行为、低碳供应链冲突均衡策略等问题展开了系统的研究工作。具体如下:

在低碳供应链影响因素方面,一些学者认为低碳技术、政府相关环境标准或强制性标准、措施是低碳供应链形成的重要因素。如:Baldwin(2001),Zwetsloot(2003),Dmitry(2013),Drake 等(2014)的研究表明,低碳技术是低碳供应链企业低碳行为形成的重要因素,需有针对性地加以引导和引进。Grell-Lawe (1998),Babakri (2004),Battisti(2008)和 Nee(2010)则认为 ISO 14000 认证、政府的强制措施等将有助于显著提升供应链企业的低碳行为。Hsu 等(2011)实证表明碳信息管理系统和碳管理培训的规范性是低碳供应商选择的重要因素。李健等(2015)分析了集群式供应链主体实施低碳行为的各类因素,如向标杆企业学习、法规政策等。

另一部分学者分析了碳税政策、碳交易、碳限额对供应链碳减排的影响。如:谢鑫鹏等(2013)在供应链企业不合作、半合作、完全合作 3 种情况下,研究碳配额、碳价格、供应链模式对减排率的影响。赵道致等(2014)探讨了由单个供应商与单个制造商组成的低碳供应链,分析了制造商和供应商的长期合作减排策略对产品碳排放量的影响。孙亚男(2014)则基于消费者偏好,从合作与竞争供应链出发,说明合作研发的供应链的碳排放量更低。Benjaafar(2013)、赵道致等(2013)、Toptal 等(2014)、Lei 等(2014)、李剑等(2016)的研究也均表明,各碳减排政策对供应链碳减排均产生一定的影响,需加以激励和引导。

就低碳供应链设计而言,众多学者在传统的供应链模型里加入了碳排放影响,设计提出一系列考虑碳排放影响的供应链模型。

如:Agatz 等(2008) 通过提高运送效率的销售机制设计,间接地减少了物流造成的碳排放量。Diabit 等(2009)构建了用于降低供应链碳排放的绿色供应链管理模型,并提出企业渡过低碳危机的最优策略。Benjaafar 等(2010)考虑碳排放因素,建立了供应链系统的多种决策模型。胡宇(2010)论述了低碳供应链管理的理论基础、特点和重要性等,探讨了企业实施低碳供应链管理的激励机制。Bonney 等(2011)将环境因素作为影响成本的主要条件,构建了三级库存模型。杨红娟和 Du 等(2011)、Hua 等(2011)均在综合考虑碳排放权交易的环境下,提出了新型供应链模型,分别分析排放依赖型供应链双方的博弈过程及存货碳足迹管理的最优订货量。杨珺等(2014)则在运输过程中考虑了碳排放量的影响,并基于此研究了仓库的多容量等级选址问题。Fareeduddin 等(2015)基于闭环供应链设计中的碳监管政策和物流运作提出了优化模型。

也有一部分学者通过供应链网络设计,分析了供应链碳减排问题。如:Ballot(2010)等从供应链成员展开合作、分享供应网络视角分析了供应链碳减排问题,认为共享供应链网络至少能减少 25% 的二氧化碳排放。Sundarakani(2010)在指出供应链网络设计重要性的基础上,结合有限差分方法构建了三维无限供应链碳足迹模型。Cachon(2011)、Wang 等(2012)在引入碳排放成本下分析了物流网络设计问题,结果发现增加考虑碳排放成本对于物流网络设计的影响不大。Chaabane 等(2012)提出了可持续供应链设计方法,以实现经济目标和环境目标的平衡。杨光勇等(2013)将供应链分为高制造碳足迹供应链、高分销碳足迹供应链和高使用碳足迹供应链 3 种,分别对其供应链构建进行研究。马秋卓等(2014)考虑碳交易政策,将碳交易市场纳入正向供应链网络,构建供应链碳交易超网络模型,分析碳排放权约束对网络均衡决策及碳排放量降低的影响。Joana 等(2015)提出了考虑到不同供应链流程的模型,分析了供应链网络设计的不确定性及不同的碳政策下供应链的低碳响应决定。

就低碳供应链中企业运作行为而言,现有研究多是从供应链单一企业视角研究碳税、碳排放限额或碳排放交易下供应链低碳运作行为。如:Carbon Trust(2006)和Cachon(2011)研究了在碳排放约束下供应链零售商下游网点布局问题。杜少甫等(2009)和Zhang等(2011)构建了综合考虑企业依赖碳排放权交易机制且有多种排放权获取渠道时的生产优化模型。李昊与赵道致(2012)研究了在有偿分配与公开拍卖机制存在的情况下,各主体行为及碳排放价格的选择情况。Song等(2012)借助报童模型,分析随机需求下强制减排、征收碳税及碳总量限制和交易制度下企业单周期最优订货量的决策问题;Hua等(2011)借助EOQ模型研究在确定性需求且仅考虑碳排放权交易机制时企业的最优订货批量问题;何大义等(2011)通过构建企业在碳排放约束和交易机制下的生产决策模型,得出企业的最优生产、碳排放交易和减排决策。Elhedhli等(2012)在供应链模型中通过引入碳排放量,分别分析了碳排放量最小时企业运营决策、最优配送路径、供应链最优配置及最优选址和运输等问题。许士春等(2012)比较分析了污染税、碳排放权交易、严格碳排放限制与补贴机制的政策实施成本、污染谎报行为与控排效果,结果表明在碳排放权交易下企业的实施成本最低。李媛等(2013)认为碳税可对制造企业起到有效的碳减排激励作用,将碳税税率制定在不同水平可使企业的减排效果发生很大的改变。He等(2015)基于经济订货批量(EOQ)模型,分析了碳税和碳限额交易下供应链企业生产批量问题。Miao等(2016)分析了在碳税政策和碳排放交易下制造商的最优定价和生产决策。

从供应链整体或供应链企业间视角来看,Hoen等(2010)通过研究了排放成本和限制两种碳规制对供应链运输模式选择的影响。Benjaafar(2010)假设供应链企业都具有相同的成本结构,两者都没有考虑不同类型供应链、不同生产模式下碳排放因素对生产运作的影响。张靖江(2010)通过研究由排放权供应商和排放依赖型生产商构成的两级供应链,给出了双方的最优决策和供应链的整体利润。杨涛(2011)提出了一个考虑不同运输方式碳排放量、服务时间、运输费用的三层物流网络模型,用来解决低碳经济下的选址和运输配送优化问题。谢鑫鹏和赵道致(2014)从易逝产品的碳排放量和政府的碳排放规制入手,通过建立经济主体的主从博弈模型,得到两个产品制造商和上游碳配额供应商之间互为反应函数的纳什均衡解。Ren 等(2015) 研究了制造商和零售商环境下相关产品碳减排目标在分散的供应链中的分配问题。

就低碳供应链冲突均衡策略而言,现有研究主要应用协同思想解决低碳供应链相关冲突问题,并提出低碳供应链冲突均衡策略。如:Anderson 等(2010)分析了供应链协同运作应具备的条件和挑战。Sundarakani 等(2010)从碳足迹的角度,针对供应链中的多重冲突现象提出了低碳供应链协同运作的建议。Cholette 等(2009)计算并证明了供应链的结构冲突对碳排放量的影响,从供应链结构优化的角度提出了低碳供应链协同运作的建议。Chaabane 等(2012)分析了供应链各成员企业的运营成本和碳排放量,并提出了平衡这 2 个要素冲突的协同运作措施。李前进等(2014)基于成本分担契约理论,研究碳税下的供应链协调问题。赵道致等(2014)研究单个供应商与单个制造商组成的低碳供应链中纵向合作减排的动态优化问题,构建了制造商占主导、供应商跟随的 Stackelberg 微分博弈模型,得到了双方合作减排的最优反馈均衡策略及利润最优值函数。孙芬和曹杰(2015)针对销售商之间存在声誉信息共享和不存在声誉信息共享 2 种情况,分析了声誉对制造商和销售商合作的激励效应。

1.4 研究内容与方法

1.4.1 研究内容

本书的内容主要包括以下 6 个方面:

(1) 区域碳排放转移特征及其经济溢出与减排效应

本书主要通过文献研究,以中国省际区域为研究对象,以投入产出表为基础,研究中国省际区域碳排放转移的空间分布特征及其经济溢出效应；采用碳排放系数法，分别测算中国省际区域碳排放转入量及碳排放转出量；通过构建基于地理特征和经济特征的空间权重矩阵，综合运用 Moran's Ⅰ指数和地理加权回归模型，从省际区域净转移、区域碳排放转入和转出几个角度展开研究，揭示区域碳排放转移的经济溢出效应；最后测算区域碳排放转移减排效应。

(2) 中国产业间碳排放转移经济效应及结构优化策略

首先，依据投入产出理论，在界定产业碳排放转出和产业碳排放转入内涵的基础上，测度 2002，2005，2007，2010，2012 年中国产业间碳排放转入量、碳排放转出量和净转移量；其次，提炼中国产业间碳排放转移的总量特征、动态变化特征及经济效应特征；再次，通过构建产业碳排放转出和碳排放转入结构分解模型，分别从整体和分部门 2 个视角对中国产业间碳排放转出和碳排放转入进行结构分解，对中国产业部门的碳排放转移进行动态分解，提炼其内在演进规律的影响因素及其作用机理，以期为产业部门间碳排放转移的优化、产业经济发展和碳减排双重目标的实现提供理论基础和实证参考；最后，从实现产业碳减排和经济发展双赢的视角提出碳排放转移结构的优化策略。

(3) 考虑碳排放转移影响的区域协同减排机理及其影响

在考虑碳排放转入和碳排放转出的条件下，通过设置不同碳排放初始配额情境进行模拟仿真，以探究碳排放初始配额分配对区域协同减排系统的影响，以期找到一种能促进区域协同减排发展的最合适有效的初始碳配额方案。首先，以系统论为指导，运用系统动力学方法构建区域协同减排系统动力学模型以明确区域协同减排系统的影响因素，选取基准线法测算不同标准下的区域初始碳配额，然后将初始碳配额引入系统动力学模型中，分析在其影响下区域协同减排系统影响因素的交互作用；其次，从系统演化角度出发，在提炼区域协同减排系统内涵及分析自组织特征的基础上，基于区域协同减排比较优势、区域协同减排联系、区域协同减排努力程度 3 个状态变量建立区域协同减排系统演化的哈肯模型，提炼驱动区域协同减排系统演化的内在机理；最后，在识别区域协同减排系统序参量的基础上，测算不同初始碳配额情境下区域协同减排水平，探究不同初始碳配额对区域协同减排发展的影响。

(4) 供应链企业间碳排放转移动机及其优化

以供应链理论、低碳思想为指导，首先，在制造商碳配额富余、供应商碳配额不足的情形下，通过构建不考虑碳排放转移和考虑碳排放转移情形下的博弈模型，对比分析供应链企业间碳排放转移动机；其次，在具备碳排放转移动机的基础上，分析供应链企业内碳排放转移对供应链运营的影响；最后，当供应链企业间碳排放转移动机不足时，研究碳排放转移支付契约的构建，并以此优化供应链碳排放转移动机，进一步分析供应链碳排放转移对供应链运营绩效的影响。

(5) 竞合关系下考虑碳排放转移影响的供应链减排策略

考虑企业间碳排放转移影响下，以由单个制造商和单个减排供应商组成的两级供应链为研究对象，分别在分散决策和集中决策情形下构建博弈模型，先研究无竞争关系下，考虑碳排放转移影响的供应链企业减排策略；再在竞争关系下，以由一个制造商和一个减排供应商组成的两级供应链为研究对象，分别在供应商与制造商集中决策、分散决策下制造商间共同决策、分散决策下制造商间单独决策3种情形下，探究在碳排放转移影响下供应链企业的最优减排策略。

(6) 考虑碳排放转移影响的供应链网络均衡决策

首先，主要在供应商碳配额不足、制造商碳配额富余、零售商碳配额富余情境下，研究考虑碳排放转移影响的需求确定型三级供应链企业间超网络均衡策略问题，以及供应商碳配额富余、制造商碳配额富余、零售商碳配额不足的情境下，考虑碳排放转移影响的需求不确定型逆向三级供应链企业间超网络均衡策略问题。其次，通过构建综合考虑碳排放转移影响的供应链超网络均衡模型，应用变分不等式及智能优化算法分别对供应商、制造商、零售商层及超网络整体均衡进行求解,提炼供应链主体企业的最优决策行为。最后,应用算例验证分析碳配额和供应链企业间碳排放转移率对网络均衡的影响。

1.4.2 研究方法

本书的研究方法主要如下:

(1) 文献分析法

从碳排放转移和低碳供应链两方面对国内外文献进行梳理,通过归纳总结,提炼已有的研究方向、方法和成果,指出现有研究的不足与缺陷,并结合本书的研究内容,给出具有针对性的、具有实际研究意义的研究方向,并对比相关研究文献提炼本书的研究创新点。

(2) 投入产出法

基于投入产出法,测算碳排放转入、转出和净碳排放转移量,构建碳排放转移经济效应测度模型,提炼中国产业间碳排放转移的总量特征、动态变化特征及经济效应特征;构建产业碳排放转出和碳排放转入结构分解模型,从整体和分部门 2 个视角对中国产业部门的碳排放转移进行动态分解,提炼其内在演进规律的影响因素及其作用机理。

(3) 博弈分析法

运用组织经济学原理及 Stackelberg 博弈模型,将复杂的现实抽象、量化、建立模型,探究制造商主导、供应商跟随的两级供应链中供应链联合减排及协同机制问题。对比考虑碳排放转移与否情形下制造商的碳排放量、价格、收益等,探讨低碳约束下企业碳排放转移动机,从分散决策和集中决策 2 种情况进行对比分析,讨论在低碳供应链下供应链企业最优减排策略。

(4) 超网络模型分析法

超网络模型分析法是对网络中各成员之间的关系进行分析,对网络的结构及属性特征进行界定,使网络中各成员同时拥有个体属性和网络整体属性。它立足于数据,是一种定量研究方法。本书拟以超网络理论为基础,通过构建“供应商－制造商－零售商”三级供应链超网络模型，分析在碳排放转移环境下，供应链企业间的最优运营决策行为，并通过算例进一步验证碳排放转移对供应链超网络的影响，以期为供应链低碳运营提供理论依据。

(5) 情景分析法

情景分析法是一种科学研究方法，它可以根据可能持续到未来的某种情景或者趋势，对研究对象可能出现的情况或者引发的结果做出预测。此方法是根据设定环境条件来描述方案，随着影响因素的改变及研究需要调节研究方案，为政策的提出与实施提出建议。本书通过分析不同碳排放初始配额分配条件下考虑碳排放转移影响的区域协同减排仿真结果，设置了多种不同的情境，分析不同情境下的区域协同减排系统演化机理，测算不同情境下区域协同减排水平，在此基础上提出促进区域协同减排发展的对策和建议。

1.5 主要创新点

通过研究，本书的主要创新点如下：

(1) 界定了碳排放转入、碳排放转出及净转移的内涵

在测度区域和产业碳排放转移的基础上，研究了碳排放转移经济溢出效应和减排效应，从宏观层面提出了碳排放转移优化策略。

(2) 对产业间碳排放转移进行脱钩效应分析

本书创新性地进一步从转入和转出2个角度对产业间碳排放转移进行脱钩分析，并将产业碳排放转移驱动因素与经济增长之间进行脱钩研究，并进一步提出产业碳排放转移结构优化策略，全方位地为下一步减排工作的开展提供方向，明确减排的重点产业，以及影响碳排放转移与经济增长脱钩的重要因素。

(3) 区域协同减排系统演化机理分析

通过分析区域协同减排系统的关键因素，基于哈肯模型识别区域协同减排系统演化的序参量，从系统演化过程出发，构建区域

协同减排模型,提炼碳排放转移环境的不同情境下,区域协同减排机理及不同碳排放初始配额对区域协同减排的影响。

(4)将碳排放转移引入供应链碳减排问题

虽然供应链企业碳减排问题一直是国内外学者研究的热点,但基本都是从宏观层面研究碳排放转移问题,本书尝试将碳排放转移纳入供应链碳减排问题中,从微观层面探讨碳排放转移对企业运营策略的影响机理,这不仅可以为企业经营决策提供一定的参考,同时也可以为政府相关部门碳减排相关政策的制定提供微观支持。

(5)在低碳供应链研究中考虑供应链间横向竞争问题

当前低碳供应链主要针对供应链上下游企业展开,较少考虑供应链中不同供应商之间或制造商之间的竞争问题,然而在实际供应链网络中,每一个企业不仅要考虑纵向供应链间的合作问题,也要面对同级横向企业间的竞争问题。因此,本书将供应链中横向竞争问题纳入供应链碳排放转移的研究中,为低碳供应链体系的构建提供理论支持。

(6)在供应链超网络模型中考虑碳排放转移问题

供应链超网络模型是立足于数据的定量研究方法,虽然它的应用领域广泛,但较少在供应链超网络模型中考虑到供应链企业间碳排放转移的影响。本书通过研究碳排放转移对网络均衡状态的影响,提炼微观企业的运营策略,为促进企业减排、优化供应链碳排放转移结构提供理论基础。

宏观篇

第2章 区域间碳排放转移特征及优化策略分析

由于中国是世界上二氧化碳排放量最多的发展中国家，且中国幅员辽阔，各区域在地理空间分布、资源格局、产业结构及经济发展水平等方面不但有着较大的差异，而且这些区域也有着较强的空间相关性；然而，现有的研究较少涉及中国省际区域间碳排放转移问题，同时也缺乏对中国省际区域碳排放空间转移特征的分析。因此，要在保证中国经济高速发展的基础上，实现中国政府及各省际区域既定的减排目标，提高中国各省际区域的碳减排能力，就需要准确把握区域碳排放空间转移特征，明确其经济溢出效应，这也是本书研究的出发点。

2.1 区域间碳排放转移量化测度

2.1.1 测度模型

从区域的角度来看，其碳排放转移量主要分为2个部分，一个是由于商品从外地区流入该地区而形成的碳排放转移量，另一个是商品由本地区流入外地区而形成的碳排放转移量。而从当前碳排放转移的测算来看，其测算方法主要有以下几类（李丁 等，2009）：一是实测法或物料衡算法。实测法是最为严格的测算方法，要求累计经济单元每一笔业务所发生的碳排放转移量；而物料衡算法则要求测度产业大类中各产品完整的统计数据对每个产品所发生的碳排放转移量。但从具体的统计数据看，显然现有的统计资料是没办法满足这些要求的，因此这2种方法均很难实现。二是模型测算法。这类方法多数是从国外模型直接演变而来的，如 Babiker(2005)等。这些模型的有效性需进一步确认,且这些方法需要对中国具体情境提前假设,致使所测算的结果难以真实地反映出现实的碳排放转移水平,且模型法主要是针对减排政策实施后对生态系统及社会发展等的影响而设置,并不是专门为测算碳排放转移量而设置。三是生命周期法。该方法侧重于商品从投入到结束整个生命过程中的碳排放量。在具体计算过程中需结合投入产出表,并就各类商品流动过程的碳排放转移量进行核算,得到单位商品的碳排放转移量,考虑到现有的统计资料很难提供真实的区域间商品流图谱,因此该方法目前也只能近似得到区域间的碳排放转移量。四是排放系数法。该方法是指在正常技术经济和管理条件下,先计算出单位产品所产生的二氧化碳量平均值作为排放系数,然后运用碳排放系数与产品产量来获得产品生产所产生的碳排放转移量。在短期条件下该方法具有较强的实用性,从数据的可得性来看,比较适用于区域碳排放转移的核算分析。

考虑到现有统计数据的限制,本书选取碳排放系数法来测算中国省际区域的碳排放转移量。目前的碳排放系数是理想状态下的数值,而实际上各产业在生产过程中具有不同的技术水平、生产管理水平、能源的使用及工艺过程等,具体到某个产品,其碳排放系数因时间不同也不一定相同,其计算公式具体如下:

$$EI_i = \sum_{i,j} EI_{ij} \times QI_{ij} = \overline{\lambda I_i} \times GI_i \tag{2-1}$$

$$EE_i = \sum_{i,j} EE_{ij} \times QE_{ij} = \overline{\lambda E_i} \times GE_i \tag{2-2}$$

$$E_i = EI_i - EE_i \tag{2-3}$$

式中,EI_i为 i 地区由外地区商品的流入而形成的碳排放转移量,即为外地区生产的商品却由 i 地区消费而形成的碳排放转移量;EE_i 为 i 地区由商品的流出而形成的碳排放转移量,即为 i 地区生产的商品由别的地方消费而形成的碳排放转移量;E_i为 i 地区由商品流动所形成的净转移量;EI_{ij} 和 QI_{ij} 分别代表 i 地区流入商品 j 的碳排放系数及流入量;EE_{ij} 和 QE_{ij} 分别代表 i 地区流出商品 j 的碳排放系数及流出量。考虑到有关区域 i 各具体流入和流出商品数量及各具体商品所产生的碳排放系数相关基础统计数据较为缺乏,因此,为方便起见,本书选用 i 地区流入和流出商品的资金流来核算其碳排放转移量,故式(2-1)中 $\overline{\lambda I_i}$ 和 GI_i 分别代表 i 地区流入商品的平均碳排放强度及流入商品的产值,式(2-2)中 $\overline{\lambda E_i}$ 和 GE_i 分别代表 i 地区流出商品的平均碳排放强度及流出商品的产值。

2.1.2 区域空间权重变量构建

区域空间权重变量从外生信息视角反映了空间单元间的相互依赖性和关联性,因此,为减少或消除区域间的外在影响,准确反映区域碳排放转移的空间效应,就需要提前确定空间权重变量,这也是准确构建空间计量经济模型、分析区域碳排放转移空间效应的基础。从现有有关空间计量分析来看,区域间空间权重变量主要采用邻近标准和距离标准来定义空间对象之间的邻近关系,而权重矩阵 $\boldsymbol{W}_{ij}$ 的元素 ω_{ij} 则反映的是空间对象的相关属性。根据邻近标准,

$$\omega_{ij}=\begin{cases}1,\text{当区域 } i \text{ 和区域 } j \text{ 相邻}\\0,\text{当区域 } i \text{ 和区域 } j \text{ 不相邻}\end{cases}$$

式中,$i=1,2,\cdots,n$;$j=1,2,\cdots,m$;$m=n$ 或 $m\neq n$。当两地区有共同边界时视为这 2 个地区有空间的关联关系,用 1 表示;否则以0 表示。

邻近标准的权重矩阵有一阶矩阵和高阶邻近矩阵 2 种。一阶矩阵一般主要有 Rook 邻近和 Queen 邻近(Anselin,2003),其中,Rook 邻近指的是仅以有无共同边界来界定空间区域的关联关系,而 Queen 邻近的空间矩阵则更加详细地反映了区域间的关联结构关系。如:区域间共同边界分别为 10 km 和 100 km 的相邻关系,显然其空间作用强度也不一样,Queen 邻近就将这一关联结构纳入区域间权重矩阵的计算过程中。可见,相比较而言,Queen 邻近更加准确一些。而高阶矩阵则是为了消除初始矩阵构建所出现的冗余而设计的,如:当初始空间数据随时间推移而产生空间溢出效应时,高阶矩阵则有助于进一步刻画这种关系。然而,现实中如果

空间单元的面积相差较大，则可能会出现一些小的空间单元有很多的邻近单元，而较大的空间单元只有较少甚至没有邻近单元，针对这种不均衡的邻近关系，Anselin(2003)提出了 K 值最邻近空间权重矩阵，一般是在给定的空间单元周围选择最邻近的4个单元来计算 K 值最邻近权重值。

距离标准的权重矩阵则是假定空间单元相互作用强度是由空间单元的质心距离或空间单元行政中心所在地之间的距离所决定的，该方法在实践中有着较广泛的应用。依据 Tiiu Paas 和 Friso Schlitte(2006)所构建的空间距离权重矩阵 $\mathbf{W}_{ij}$，其元素

$$\omega_{ij}=\begin{cases}1/d_{ij}^{2}, & i\neq j\\ 0, & i=j\end{cases}$$

式中，d_{ij} 为两空间单元间的中心位置距离。权重随着区域地理空间距离及其类型的变化而不同，d_{ij} 可以是欧氏距离也可以是弧度距离，可以通过空间单元中心位置经纬度坐标数据来进行计算。

然而，上述标准所确定的空间权重矩阵更多的是从地理空间联系的角度来确定的，而区域间碳排放转移属于区域经济管理范畴，地理空间联系往往不是唯一的决定因素。例如：上海与江苏、浙江和安徽三省相近，若采用邻近标准只能得出上海只与这三个省发生碳排放转移，与其他省则没有这种转移现象，而在现实中，上海市与中国其他各个地区均有着或多或少的经济联系，且这种联系势必会使得上海与其他地区形成一定程度的碳排放转移现象；同样，若采用距离标准，则可以得出空间距离离上海较近的地区碳排放转移现象较为严重，距离较远的地区出现碳排放转移现象较少，而从实际情况来看，江苏省与浙江省均为发达省份，相比其他不发达地区，它们与上海市的产业结构较为接近，虽然在地理空间上是邻近的，但其由经济联系所产生的净碳排放转移量往往较少，相反上海与其他欠发达地区由于产业结构差异较大，往往所产生的碳排放转移现象更加严重。可见，如果仅从地理空间联系来界定空间权重矩阵很难真实地反映空间单元外在信息对区域碳排放转移的影响。因此，本书将以林光平等(2005)提出的经济权重矩阵为基

础,构建区域碳排放转移的经济权重矩阵,其基本形式如下:

$$\boldsymbol{W}_{ij}^{*}=\boldsymbol{W}_{ij}\times\boldsymbol{E}_{ij}$$

式中,$\boldsymbol{W}_{ij}$ 即为空间地理位置权重矩阵;$\boldsymbol{E}_{ij}$ 为经济系数矩阵。考虑到经济发达地区对落后地区有着较大的辐射力和吸引力,因此,学者们通常用各地区实际 GDP 占所有地区 GDP 之和的比重刻画经济系数矩阵 $\boldsymbol{E}_{ij}$,如陈晓玲和李国平(2006)、王火根和沈利生(2007)等。由于在区域产业优化升级过程中,承接发达地区产业转移是形成碳排放转移的主要因素(杜运苏 等,2012),实践表明工业是形成碳排放的主体,因此,本书用各地区工业产值占总工业产值的比重来衡量 $\boldsymbol{E}_{ij}$,据此,本书所构建的区域碳排放转移权重矩阵具体如下:

$$\boldsymbol{W}_{ij}^{*}=\boldsymbol{W}_{ij}\times\boldsymbol{E}_{ij}=\boldsymbol{W}_{ij}\times\mathrm{diag}(G_1/G,G_2/G,\cdots,G_n/G) \quad (2\text{-}4)$$

式中,$\boldsymbol{W}_{ij}$ 即为上述的地理空间距离权重矩阵,表明距离较近的两地区相互影响较大,而较远的两地区则较小;$G_1,G_2,\cdots,G_n$ 表示 n 个空间单元工业总产值,G 则表示所有地区工业总产值;$G_i/G(i=1,\cdots,n)$ 表示空间单元 i 的工业产值占总工业产值的比重,表明相对而言,工业发达地区对工业落后地区的经济有着较大的影响力,且落后地区所承接的碳排放转移量也相对较大;而落后地区之间或发达地区之间势必也会有相应的经济联系,也会产生一定的碳排放转移现象,但净碳排放转移量往往相对较少。式(2-4)则表明,区域空间单元碳排放转移的相互联系是由地理空间距离和工业产值占总产值的比重共同决定的。

2.2 变量选择及数据来源

Anselin(1988)指出在区域问题研究中,只要涉及空间数据通常均具有空间依赖性或空间自相关性等特征,而区域碳排放转移问题更是具备了这些特征。可见,忽视碳排放转移的空间特征所带来的影响势必会降低当前研究结果的可信度。本书将在区域碳排放转移测度的基础上,采用空间计量模型来分析中国省际区域碳排放空间转移特征，提炼其规律，并分析其经济溢出效应，因此，就需要首先确定相应的因变量和自变量。为此，本书选取中国各省际区域 GDP 作为空间计量分析的因变量，而各省际区域碳排放转移量则作为自变量。

本书以中国省际区域为研究对象，考虑到各年数据的完整性，本书中有关区域间碳排放转移核算所需的数据均来自于 2007 年中国各省市地区的投入产出表。为使得结果具有一致性和可信性，本书各指标的具体数据均以当年价进行核算。空间权重矩阵则主要是以国家地理信息系统网站提供的电子地图为基础，采用 OpenGeoDa 软件计算得到的，而各省际区域工业产值占工业总产值数据则主要是来源于当年的《中国统计年鉴》。由于西藏地区的数据缺失，因此本部分未包含西藏地区的数据。

2.3　区域碳排放转移空间特征分析

依据式(2-1)～式(2-3)和相关数据，可得 2007 年中国各省际区域碳排放转出量、碳排放转入量及净转移量，其对比图如图 2-1 所示，从图中可以得出以下 2 个结论：

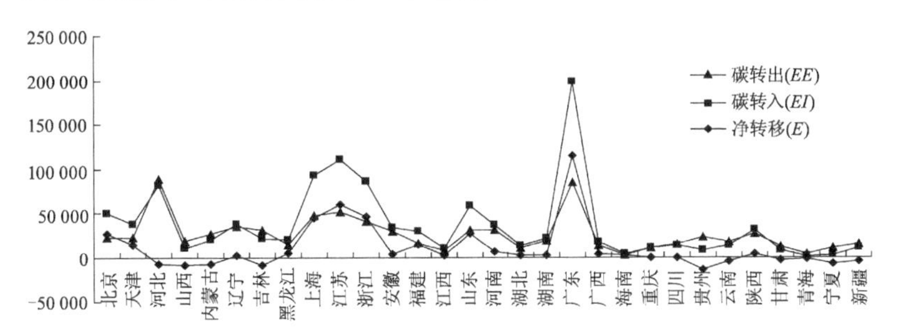

图 2-1　中国省际区域碳排放转移结构对比图

① 从总量来看，各地区的碳排放转出量和碳排放转入量均较大，且各地区碳排放转入总量要大于碳排放转出总量。这说明由区域间商品流动所引发的碳排放转移现象在中国省际区域间有着较大的存量，而且这一存量的净值是趋向于增强的态势，进一步说

明由于终端消费的影响,商品消费地和生产地的分离将是致使各地区所承担的碳减排责任和义务不对等的主要因素之一。

② 从碳排放转移的区域结构来看,碳排放转移净值为正的地区一共有18个,从其地理分布来看,主要是东部和中部经济较为发达地区,其中,碳排放转移净量正数排名最高的前3个地区分别是广东省、江苏省和浙江省,后三位的地区分别是江西省、湖北省和海南省。而碳排放转移净值为负的12个地区基本都是西部欠发达地区。由式(2-3)可以看出,碳排放转移的净值表明区域间由商品流动所引发的碳排放交互转移使得本应由该地区承担的碳排放,实际由其他地区所承担。可见,从碳排放转移区域结构来看,较为发达地区往往凭借其产业结构乃至经济总量的优势,将其本该自己承担的碳排放转嫁到其他欠发达地区,而且经济越发达的地区其转移净值就越大。

上述结论主要是从总体上揭示中国省际碳排放转移的区域特征,然而考虑到中国省际区域间经济发展的交互影响关系,中国省际区域间碳排放转移也将在空间单元间存在某种依赖性特征,而要挖掘这一特征,首先就需要计算和检验空间单元的碳排放转移在地理空间上有没有表现出空间自相关性即空间依赖性、是否存在空间集群现象等(吴玉鸣,2006a,2006b)。本书采用多数学者通常采用的Moran's Ⅰ指数法(Moran,1950)来对中国省际区域碳排放转移进行自相关性检验。其表达式具体如下:

$$\text{Moran's I} = \frac{\sum_{i=1}^{n}\sum_{j=1}^{n}W_{ij}(Y_i-\overline{Y})(Y_j-\overline{Y})}{S^2\sum_{i=1}^{n}\sum_{j=1}^{n}W_{ij}} \tag{2-5}$$

式中,$S^2=\frac{1}{n}\sum_{i=1}^{n}(Y_i-\overline{Y})$;$\overline{Y}=\frac{1}{n}\sum_{i=1}^{n}Y_i$;$Y_i$,$Y_j$ 分别表示空间单元 i,j 的碳排放转移值;n 为空间单元数;W_{ij} 为空间单元的权重矩阵元素,具体按式(2-4)求得。从功能上来看,Moran's Ⅰ指数值主要是从区域空间整体上刻画区域碳排放转移空间分布特征,其值的范围为[−1,1],大于0表明区域碳排放转移在地理空间上具有正向相关性，说明区域碳排放转移在地理空间上具有集群趋势；小于 0 则表明区域碳排放转移在地理空间上具有负向相关性，说明区域碳排放转移在地理空间上存在显著的空间差异性；等于 0 则说明区域碳排放转移在地理空间上具备随机分布的特征。

依据上述方法及数据，可得在 5％的显著水平下，2007 年中国省际区域碳排放转入（*EI*）和碳排放转出（*EE*）的 Moran′s Ⅰ指数分别为 0.17 和 0.14。可见，无论是中国省际区域碳排放转入量还是碳排放转出量，其值均大于 0，说明中国省际区域碳排放转移在整体上具有一定的正向相关性特征，表明中国省际区域碳排放转移在整体上具有一定的空间集群特征。为进一步明确中国省际区域碳排放整体及各省际区域的具体关联模式，本书采用局域空间关系 LISA 法对其进行检验。由表 2-1 可以得出如下结论：

表 2-1　Moran′s Ⅰ散点图局部空间联系模式归类

象限	局部空间联系模式	碳排放转入（*EI*）	比例/％	碳排放转出（*EE*）	比例/％
第一象限	H－H 模式	江苏、浙江、上海、北京、山东、天津、辽宁、河北	26.67	江苏、浙江、上海、山东、安徽、辽宁、内蒙古	23.33
第二象限	L－H 模式	福建、广西、安徽、江西、海南、内蒙古、吉林、山西	26.67	北京、天津、福建、黑龙江、广西、江西、海南、山西	26.67
第三象限	L－L 模式	黑龙江、陕西、湖南、湖北、四川、重庆、青海、甘肃、云南、新疆、宁夏、贵州	39.99	湖南、湖北、四川、重庆、青海、甘肃、云南、新疆、宁夏、贵州	33.33
第四象限	H－L 模式	广东、河南	6.67	广东、河南、陕西、河北、吉林	16.67

① 从整体来看，无论是碳排放转入还是转出，其 Moran′s Ⅰ散点图在局部空间上均表现为以 L－L 模式和 H－H 模式为主，2 种类型占总体的比例为 60％，其中 L－L 模式的比例要高于 H－H

模式的。这说明在整体上中国省际区域碳排放转移具有较强的空间集群特征,呈现出碳排放转移低的地区被碳排放转移低的地区包围的空间集群特征。

② 从具体各省际区域来看主要有以下 3 个特征:一是表现为 H—H 模式的主要是以发达地区为主,但也有少量中西部地区,如:辽宁和河北地区的碳排放转入,辽宁和内蒙古 2 个地区的碳排放转出也处于 H—H 模式;二是表现为 L—L 模式的地区主要是西部地区或中部发展欠佳的地区;三是表现为 L—H 模式或 H—L 模式的主要是中部地区,其中是以碳排放转移低的地区被高的地区包围的比例较大。

从中国省际区域碳排放转移空间转移特征形成的可能原因来看,主要有以下几点:一是随着国家和地区碳减排政策的制定和实施,发达地区既要保持经济的快速增长又要保证碳排放任务的实现,不可避免地会将一些高污染、高耗能的产业转移到别的地区,考虑到发达地区之间的经济联系较为密切,其共生模式虽然有一定的相似性,但其产业的差异性是其共生模式的主体,如:江苏的苏南模式和浙江的温州模式在产业结构及经济发展阶段上均有较大的差异性,同时中国发达省际区域位置以东部为主,其地理空间位置较为邻近,这些均在很大程度上促成了区位碳排放转移 H—H 模式,也即碳排放转移高的地区被碳排放转移高的地区所包围,但也有一些欠发达地区也存在 H—H 模式,这也是和该地区产业结构与区域位置有着一定的关联,如内蒙古等地。二是由于中部地区在地理位置上连接了东、西两大区域,且其所具备的产业形态往往是东部地区的上游产业,无论是人才储备还是相关产业资源的积累,对东部地区相关的产业转移均积累了较好的承担能力,因此,处于中部地区的相关省份在碳排放转移上大多数均表现为 L—H 模式,表明这些地区碳排放转移在空间分布上具有异常性。具体到北京和天津 2 个地区来看,这 2 个地区的碳排放转入属于 H—H 模式,而其碳排放转出则属于 L—H 模式,说明这 2 个地区在主动转移碳排放和承接碳排放转移上有着较大的差异,更多地表现为净转移这一特征。三是由于西部欠发达地区数量较多,分布较广,且其有着较强的区域环境承载力,因此,其碳排放转入和转出均表现为较低水平,在地理空间上表现为碳排放转移低的区域集群的特征。

2.4 区域碳排放转移经济效应

从上述分析可以看出,区域间碳排放转移现象广泛存在于各省际区域,这既符合区域经济发展的需要,也是实现区域碳减排目标的一种重要手段。然而,要判断区域碳排放转移是否合理,就需要研究其经济溢出效应。

2.4.1 模型设定

由于当前学者有关区域间经济溢出的研究大多是直接假设横截面单元具有同质性,也即假设各区域或企业之间是没有差异的,如潘文卿(2010)等。考虑到上述中国省际区域碳排放转移的空间转移特征,说明中国省际区域间碳排放转移在空间上表现出一定的复杂性、自相关性和变异性等一些特征,这样如果采用传统的OLS 法对变量进行整体估计,显然不能反映出变量在不同空间上的非稳态性(吴玉鸣 等,2006;苏方林,2007)。基于此,本书主要采用地理加权回归模型来分别分析区域碳排放转出、碳排放转入及两者共同对区域经济的影响,其模型具体如下(Lesage,2004):

$$Y_i = \beta_0(\mu_i, \upsilon_i) + \sum_j^k \beta_j(\mu_i, \upsilon_i) X_{ij} + \varepsilon_i \tag{2-6}$$

式中,Y_i为省际区域 i 的 GDP;X_{ij} 为区域 i 碳排放转移量;j 表示碳排放转入或转出 2 种类型;β_0 为截距项;β_j 即为 X_{ij} 对 Y_i 的影响系数;ε_i 为第 i 个区域的随机误差,满足零均值、同方差、相互独立等基本假设。

依据式(2-6),本书主要设立以下 3 个模型:模型 1 和模型 2 分别仅用于考察区域碳排放转出和区域碳排放转入的经济溢出效应,而模型 3 则用于考察区域碳排放转出和转入共同存在的条件下的经济溢出效应。当模型系数项为正时,说明区域碳排放转移对区域经济的发展产生正向的影响，系数越大说明单位碳排放转移对区域经济增长的推动力越大，同时也表明该地区碳排放转移越合理；当系数为负时，则与之相反，说明区域碳排放转移对区域经济发展有着一定的阻碍作用，不利于区域经济的发展，说明该区域的碳排放转移不合理，系数绝对值的大小则反映了碳排放转移的不合理程度。

2.4.2 结果分析

依据上述模型的设定及相关数据，本书主要应用 Eviews 8.0 软件研究中国省际区域碳排放转移的经济溢出效应，以判断其空间转移的合理性与否，具体结果见表 2-2。

表 2-2 区域碳排放转移地理加权回归结果

省份	模型 1		模型 2		模型 3		
	常数项	*EE* 系数	常数项	*EI* 系数	常数项	*EE* 系数	*EI* 系数
北京	5 078.89	0.10	−759.30	0.18	−5 229.16	−0.09	0.33
天津	5 771.04	0.09	−989.95	0.19	−5 229.16	−0.09	0.33
辽宁	−12 797.41	0.68	−1 833.23	0.33	−14 999.41	0.51	0.22
江苏	−9 927.15	0.66	1 450.50	0.21	148 438.18	−7.09	2.15
上海	−6 238.47	0.51	−1 484.94	0.20	1 686.33	−1.96	1.12
山东	24 905.19	−0.06	15 463.18	0.11	−579 137.09	6.38	−2.39
浙江	41 136.53	−0.58	23 023.58	−0.07	32 089.90	−1.35	0.48
福建	3 088.11	0.38	4 369.17	0.16	13 057.43	−2.98	1.46
广东	2 173.21	0.34	5 010.28	0.13	−3 188.07	0.96	−0.24
海南	668.12	0.36	1 466.50	0.15	495.26	0.44	−0.03
河北	4 892.92	0.10	−1 206.66	0.19	−5 229.16	−0.09	0.33
黑龙江	6 400.53	0.03	1 656.78	0.24	1 570.09	−0.18	0.42
山西	3 533.53	0.12	4 572.15	0.12	2 558.72	−0.18	0.42
河南	5 001.73	0.30	5 001.89	0.26	7 147.65	−3.06	2.79
安徽	−18 675.57	0.87	−394.97	0.24	148 438.18	−7.09	2.15

续表

省份	模型 1		模型 2		模型 3		
	常数项	*EE* 系数	常数项	*EI* 系数	常数项	*EE* 系数	*EI* 系数
湖北	6 025.92	0.29	6 102.97	0.24	7 527.41	-4.28	3.80
江西	2 554.01	0.41	3 952.00	0.18	2 836.95	0.28	0.06
湖南	5 246.25	0.22	5 078.85	0.20	10 967.79	4.13	-3.67
广西	4 343.95	0.06	2 806.72	0.17	-6 506.20	0.23	0.56
吉林	3 405.11	0.14	-877.58	0.31	1 570.09	-0.18	0.42
新疆	-8.13	0.24	236.75	0.33	0.00	0.24	0.01
宁夏	-1 102.31	0.25	1 144.93	0.15	4 491.88	-0.46	0.45
云南	18 340.11	-0.75	-1 883.63	0.60	61 338.77	-2.11	-1.62
贵州	7 638.81	-0.22	49.11	0.36	1 431.26	-0.05	0.31
青海	8.57	0.24	548.08	0.28	0.00	0.24	-0.01
四川	12 558.48	-0.37	-8 622.66	1.35	-16 912.54	0.30	1.73
甘肃	-98.50	0.20	885.25	0.18	763.30	-0.08	0.37
陕西	-2 308.13	0.33	1 143.75	0.18	-7 867.58	0.95	-0.41
内蒙古	4 187.82	0.08	3 943.15	0.11	3 567.41	0.02	0.11
重庆	5 690.22	-0.12	-6 383.39	1.05	-16 912.54	0.30	1.73

由表 2-2 可以得出如下几个结论：

① 若只考虑区域碳排放转出或碳排放转入对区域经济的影响，则中国绝大部分省际区域的碳排放转移对区域经济增长均具有正向带动作用，具有经济溢出效应。从模型 1 的 *EE* 系数可以看出，仅有山东、浙江、云南、贵州、四川和重庆 6 个地区为负数，其他地区均为正数，表明由这 6 个地区所生产的商品流到其他地区所形成的碳排放转移不但不能为该地区产生经济溢出效应，反而还具有一定的经济阻碍作用，其碳排放转出结构不合理；同样，从模型 2 的 *EI* 系数也可以看出，仅有浙江的碳排放转入量对其经济增长具有负面的影响，其他地区均带来了一定的增长。这 2 个模型

的结果进一步说明，对于碳排放转出来说，由于山东等6个地区在承接其他地区产业的过程中要形成其他地区所需的商品，其所需的投资也相对较高，致使其所流出的商品很难带来所需的经济增长；而就碳排放转入而言，其系数也从侧面反映了各地区商品流入的结构，说明绝大多数地区商品的流入均为该地区经济带来了溢出效应。对于浙江省而言，由于其本身就是发达地区，处于产业链下游的产业较多，从其他地区所引入的商品作为中间商品的也较多，若从其他地区所引入的商品结构出现问题，则在一定程度上会阻碍其经济的增长，说明浙江省商品流入结构不合理。

② 从区域碳排放转出和碳排放转入共同对区域经济的影响来看，区域碳排放转入的经济溢出效应比碳排放转出的要强。由模型3的*EE*系数和*EI*系数可以看出，其中*EI*系数为正值的地区一共有23个，*EE*系数为正值的地区共有13个，说明这些地区碳排放转入或转出均具有经济溢出效应，说明随着碳排放转入或转出的增加该地区的经济也趋向于增长，其碳排放转移相对较为合理。然而，由于山东等7个地区的*EI*系数为负，说明相比较于模型1的单独影响来看，在有碳排放转出存在的条件下，这些地区的碳排放转入不合理，也即这些地区随着碳排放转入的增长其经济发展反而会有所减缓；同理，黑龙江等17个地区的*EE*系数也为负数，说明这些地区在碳排放转入的影响下，其碳排放转出也是不合理的，对区域经济的发展有阻碍作用。因此，需进一步优化这些地区的产业结构，从而从源头上优化其商品的流出或流入结构，以追求碳排放转出和碳排放转入的经济溢出效应。

③ 从区域结构来看，区域碳排放转移的经济溢出效应在东部、中部和西部三大区域间无明显差异，但就各具体地区而言则差异较大。由模型3可以看出，各省际区域碳排放转移的经济溢出效应主要有5种类型：一是无论是区域碳排放转出系数还是碳排放转入系数，其值均为正数的地区有辽宁、江西、广西、新疆、四川、内蒙古和重庆7个地区。说明从整体影响来看，这7个地区无论是碳排放转入还是碳排放转出，均具有较强的经济溢出效应，区域碳排

放转移较为合理，这与其本身的产业结构、环保政策及经济调控政策有着很大的关系，这些政策的制定使得这些地区与其他地区有着较好的商品流入及流出结构，从而带动了更多的经济增长。二是区域碳排放转出系数为负，但其绝对值小于碳排放转入系数的地区有北京、天津、河北、黑龙江、吉林、贵州和甘肃 7 个地区，说明这些地区每单位碳排放转入的经济溢出效应较高，不但能抵消其单位碳排放转出的负经济效应，而且还能带来区域经济的净增长，说明这些地区碳排放转入量越大，其经济增长效应就越高。因此，从政策上来看，这些地区应加大碳排放转入的力度，提高净碳转移量。三是区域碳排放转出系数为负，但其绝对值却大于碳排放转入系数的地区有江苏、上海、浙江、福建、河南、安徽、湖北和宁夏 8 个地区，说明这些地区单位碳排放转出具有经济阻碍效应，单位碳排放转入的经济溢出效应抵消不了其阻碍效应。因此，从碳转移调控策略来看，这些地区要加大碳排放转入的力度，减少碳排放转出，这样才有可能保证从整体上保障碳排放转移具有正的溢出效应。四是区域碳排放转出系数为正数，但碳排放转入为负数的地区有山东、广东、海南、湖南、青海和陕西 6 个地区，说明这些地区碳排放转出具有较强的经济溢出效应，而碳排放转入则对经济产生一定的阻碍作用，因此，加大碳排放转出力度对这些地区的经济发展有着较强的促进作用。五是区域碳排放转出和转入均为负值的地区有云南省，说明无论是碳排放转入还是转出均不能促进云南经济的发展，其碳排放转入、转出均不合理，需进一步调控其产业结构，以适应当前经济发展的需求。

2.5　碳排放转移的减排效应

上述分析仅从区域经济增长的角度分析了区域碳排放转移的合理性，并未考虑区域碳减排目标的约束，因此，本部分将通过分析各区域碳排放转移的减排效应来完善区域碳排放转移结构优化对策。由于当前中国能源消费以煤炭为主，因此，本书以碳排放转移对各省际区域煤炭的节约量来反映其减排效应。具体公式如下：

$$SC_i = E_i / \alpha_c \tag{2-7}$$

$$E_i = EI_i - EE_i \tag{2-8}$$

式中,SC_i表示 i 地区煤炭节约量,以原煤量来衡量;E_i即为式(2-8)中 i 地区的净转移量,其中 EI_i为 i 地区由外地区商品的流入而形成的碳排放转移量,即为外地区生产的商品却由 i 地区消费而形成的碳排放转移量,EE_i为 i 地区由商品的流出而形成的碳排放转移量,即为 i 地区生产的商品由别的地方消费而形成的碳排放转移量;α_c 为原煤的碳排放系数,参照 IPCC 2006 中碳排放系数值,本书中 α_c为 2.69。具体结果见表 2-3。

表 2-3　中国各地区碳排放转移减排效应概况

地区	煤炭节约量/万吨	碳排放转移结构优化对策		是否清洁
		碳排放转入	碳排放转出	
北京	1 013.75	增加	减少	是
天津	526.41	增加	减少	是
辽宁	91.83	减少	增加	是
江苏	2 219.90	增加	减少	是
上海	1 664.63	增加	减少	是
山东	1 010.07	减少	增加	是
浙江	1 679.24	增加	减少	是
福建	521.05	增加	减少	是
广东	4 214.96	减少	增加	是
海南	51.80	减少	增加	是
河北	−254.81	增加	减少	否
黑龙江	166.05	增加	减少	是
山西	−326.79	增加	减少	否

续表

地区	煤炭节约量/万吨	碳排放转移结构优化对策		是否清洁
		碳排放转入	碳排放转出	
河南	216.03	增加	减少	是
安徽	112.70	增加	减少	是
湖北	66.87	增加	减少	是
江西	88.84	减少	增加	是
湖南	100.90	减少	增加	是
广西	113.67	增加	减少	是
吉林	−314.07	增加	减少	否
新疆	−174.20	减少	增加	否
宁夏	−288.31	增加	减少	否
云南	−160.42	减少	减少	否
贵州	−530.92	增加	减少	否
青海	−93.35	减少	增加	否
四川	−9.22	增加	减少	否
甘肃	−136.54	增加	减少	否
陕西	109.71	减少	增加	是
内蒙古	−264.16	增加	减少	否
重庆	−15.31	增加	减少	否

表 2-3 中煤炭节约量为正值，表明区域碳排放转移能减少区域煤炭的消费，反映了该地区在产品设计、产品结构、产品的能源消耗或销售等环节具有一定的清洁生产模式，煤炭节约量越大，表明保持当前清洁生产模式越有利于促进区域经济增长及碳减排目标的实现；相反，如果一个地区煤炭节约量为负值，则表明碳排放转移增加了该地区煤炭的消费量，说明该地区不具有相应的清洁生产模式，不利于该地区碳减排目标的实现。表 2-3 中碳排放转移结

构优化对策来源于上述 5 种碳排放转移经济溢出效应类型,主要是从各区域经济增长的视角提出来的。

由表 2-3 可得,共有 12 个地区碳排放转移增加了煤炭消耗。其中,新疆和青海两地碳排放转出量的增加、碳排放转入量的减少有助于增加两地的经济总量,但却增加了两省区的煤炭消耗。可见,在碳排放转移环境下,新疆和青海两地产品的生产模式具有能耗递增特征,不利于碳减排目标的实现。河北、山西、吉林、宁夏、贵州、四川、甘肃、内蒙古和重庆 9 个地区当前碳排放转移结构虽然也增加了煤炭的消耗,但碳排放转入量的增加、碳排放转出量的减少却有利于提升这些地区经济的增长,而提高碳排放转入量有助于减少各地区煤炭的消耗,可见,碳排放转移结构优化对策有助于同时实现 9 个地区经济增长和碳减排两大目标。云南当前碳排放转移结构增加了煤炭消耗量,只有在减少碳排放转入量和碳排放转出量时才能促进经济的增长,由于碳排放转出的减少有助于减少煤炭消耗量,因此,要实现云南经济增长和碳减排双重目标,在当前的碳排放结构中,要尽可能地保持碳排放转入量,减少碳排放转出量。

碳排放转移减少煤炭消耗量的地区一共有 18 个,说明这 18 个地区产品的生产过程具有一定的清洁生产特征。其中,北京、天津、江苏、上海、浙江、福建、黑龙江、河南、安徽、湖北和广西碳排放转入的增加、碳排放转出的减少不但能促进这 11 个地区经济的增长,而且还能减少煤炭的消费量,可见,这 11 个地区产品生产均具有典型的清洁生产模式,当前碳排放转移结构优化对策也能促进这 11 个地区经济增长和碳减排双重目标的实现。而辽宁、山东、广东、海南、江西、湖南和陕西 7 个地区碳排放转移结构虽然也均减少了煤炭的消耗,但其碳排放转移的优化对策(即减少碳排放转入和增加碳排放转出)却仅有助于经济的增长,不利于碳减排目标的实现,需要在保持各地区产品清洁生产的前提下增加各地区的经济总量。

2.6　本章小结

本章在测算中国各区域碳排放转入量、碳排放转出量的基础上，将中国区域间地理空间联系和经济发展联系起来，深入剖析了碳排放转移的整体数量特征及区域空间分布特征。测算了各地区碳排放转移的经济溢出效应，并结合地区碳排放空间转移特征，提出了各地区碳排放转移结构的优化对策。最后，通过分析碳排放转移对各地区煤炭的节约能力，从碳减排目标实现的角度进一步完善了上述碳排放转移结构的优化对策，为区域经济增长和碳减排双重目标的有效实现提供了可选择的对策建议。研究表明：中国各地区均同时具有碳排放转出和碳排放转入，其中 30 个地区的碳排放转入总量大于碳排放转出总量。中东部发达地区凭借其产业和地理位置的优势，一般具有较高的碳排放转入量，表现为正的碳排放转移净值，而中西部欠发达地区则主要以碳排放转出为主，表现为负的碳排放转移净值；中国各区域间碳排放转移具有较强的局部空间集聚特征，主要表现为 L－L 和 H－H 的局部空间集群模式，而 L－H 和 H－L 局部集群模式相对较少。其中，L－L 模式主要出现在中西部欠发达地区；H－H 模式主要在东部发达地区；大多数的中部地区主要表现为 L－H 模式或 H－L 模式。大多数地区单一的碳排放转入和单一的碳排放转出均能产生正向的经济溢出效应，但在碳排放转入和转出的共同影响下区域碳排放空间转移的经济溢出效应可表现为 5 种类型。共有 18 个地区通过碳排放转移节约了煤炭的消耗，说明由于碳排放转移的存在，因而这些地区产品在生产过程中减少了煤炭消耗，具有一定的清洁生产模式；相反，余下 12 个地区则均增加了煤炭的消耗，其产品生产过程不具有清洁生产模式。

第3章　产业间碳排放转移特征及结构优化策略分析

实现经济增长与产业低碳发展是中国各级政府共同追求的目标，考虑到产业部门是各级政府经济发展的主要承担者，在产业发展过程中，各产业部门势必会面临一系列的碳减排问题。其中，碳排放转移问题就广泛存在于各级政府产业部门之间，这不但难以界定各产业部门的碳减排潜力及责任，而且也很难有效地促进各产业部门积极参与政府主导下的区域碳减排活动，并最终难以实现国家或地区的碳减排目标。因此，本章主要针对产业部门的碳排放转移问题展开系统的研究工作。

3.1　产业碳排放转移测度模型与数据

3.1.1　产业碳排放转移测度模型

碳排放转移与碳泄漏的内涵较为相似，指的是一国(或地区)由于实施了严格的减排政策而导致该国(或地区)以外国家(或地区)碳排放量增加的现象(Julia，2008)。通常碳排放转移包含两方面——碳排放转入和碳排放转出(Sun，2014)。产业间碳排放转入指的是商品从外产业流入本产业而形成的碳排放转移，其特征是商品在生产制造过程中所产生的碳排放是由外产业承担，但该商品最终是由本产业所消费。碳排放转出指的是商品由本产业流到外产业而形成的碳排放转移，其特征是商品在生产制造过程中所产生的碳排放是由本产业承担，但该商品最终是由外产业消费。

现有文献多采用投入产出方法来测算碳排放转移(Wiedmann et al，2007；Peters，2008；Wiedmann，2009；Andrew et al，2009；

Miller and Blair，2009；Su and Ang，2011，2013，2014）。由投入产出表（表3-1）的结构可以看出，第Ⅰ象限数值为中间投入，反映了国民经济各部门间相互提供劳动服务和产品以供生产和消耗的过程，其中，纵向数值反映了生产部门在生产过程中消耗各产出部门产品和服务的总量，横向数值是指产出部门的产品或者服务提供给各生产部门的中间使用量。

结合上述产业碳排放转入和碳排放转出的内涵界定，本书将投入产出表中纵向产业部门消耗其他产业部门产品和服务所形成的碳排放转移界定为该产业部门的碳排放转入（CEI），将投入产出表中横向产出部门的产品和服务提供给其他生产部门消费所产生的碳排放转移界定为该产业部门的碳排放转出（CEE）。根据投入产出模型（Lentief，1970）和碳排放系数方法（何艳秋，2012），产业间碳排放转移的计算步骤如式（3-1）～式（3-7）所示。

$$x_i = \sum_{j=1}^{n} x_{ij} + y_i \tag{3-1}$$

式中，x_i表示产业部门i的总产出；x_{ij}表示i部门对j部门产品的中间投入；y_i表示对i部门产品的最终需求。在标准的投入产出模型里，式（3-1）是第i部门总产出的数学表达式。

$$\alpha_{ij} = x_{ij} / x_j \tag{3-2}$$

式中，α_{ij}为j部门的单位产出对i部门产品的中间消耗系数，且$0 \leqslant \alpha_{ij} < 1$。

将式（3-2）代入式（3-1）得：

$$x_i = \sum_{j=1}^{n} \alpha_{ij} x_j + y_i \tag{3-3}$$

将式（3-3）改成矩阵形式，可得：

$$\boldsymbol{X}_t = \boldsymbol{A}_t \boldsymbol{X}_t + \boldsymbol{Y}_t \tag{3-4}$$

式中，$\boldsymbol{X}_t$，$\boldsymbol{A}_t$，$\boldsymbol{Y}_t$分别表示横向产业部门总产出矩阵、中间投入系数矩阵和最终需求矩阵。

由式（3-4）可得：

$$\boldsymbol{X}_t = (\boldsymbol{I} - \boldsymbol{A}_t)^{-1} \boldsymbol{Y}_t = \boldsymbol{L}_t \boldsymbol{Y}_t \tag{3-5}$$

式中，$\boldsymbol{L}_t = (\boldsymbol{I} - \boldsymbol{A}_t)^{-1}$，为列昂惕夫逆矩阵，表示横向产业部门最终产品对投入产业部门产品的完全需求。

表 3-1 投入产出表结构

<table>
<tr><td colspan="2" rowspan="4">产出
投入</td><td colspan="4">中间使用</td><td colspan="10">最终使用</td><td rowspan="4">进口</td><td rowspan="4">总产出</td></tr>
<tr><td rowspan="3">产品部门 1</td><td rowspan="3">…</td><td rowspan="3">产品部门 n</td><td rowspan="3">中间使用合计</td><td colspan="5">最终消费</td><td colspan="3">资本形成总额</td><td rowspan="3">出口</td><td rowspan="3">最终使用合计</td></tr>
<tr><td colspan="3">居民消费</td><td rowspan="2">政府消费</td><td rowspan="2">合计</td><td rowspan="2">固定资本形成额</td><td rowspan="2">存货增加</td><td rowspan="2">合计</td></tr>
<tr><td>农村居民消费</td><td>城镇居民消费</td><td>小计</td></tr>
<tr><td>中间投入</td><td>产品部门 1
⋮
产品部门 n
中间投入合计</td><td colspan="3">第Ⅰ象限</td><td colspan="13">第Ⅱ象限</td></tr>
<tr><td>增加值</td><td>劳动者报酬
⋮
增加值合计</td><td colspan="3">第Ⅲ象限</td><td colspan="13" rowspan="2"></td></tr>
<tr><td></td><td>总投入</td><td colspan="3"></td></tr>
</table>

假设 $\boldsymbol{F}_t$ 表示横向产业部门单位产出 CO_2 排放量的向量，则产业部门排放量的 CO_2 排放量的向量 $\boldsymbol{C}$ 可用式(3-6)表示(Su，2010)。

$$\boldsymbol{C}=\boldsymbol{F}_t'\boldsymbol{X}_t=\boldsymbol{F}_t'(\boldsymbol{I}-\boldsymbol{A}_t)^{-1}\boldsymbol{Y}_t=\boldsymbol{F}_t'\boldsymbol{L}_t(\boldsymbol{Y}_{dd}+\boldsymbol{Y}_{de}) \tag{3-6}$$

式中，$\boldsymbol{Y}=\boldsymbol{Y}_{dd}+\boldsymbol{Y}_{de}$，其中 $\boldsymbol{Y}_{dd}$ 指的是产业部门的最终需求向量，$\boldsymbol{Y}_{de}$ 指的是产业部门的出口向量。

由式(3-6)可得产业部门的碳排放转出(CEE)向量 $\boldsymbol{C}_{ee}$。

$$\boldsymbol{C}_{ee}=\boldsymbol{F}_t'(\boldsymbol{I}-\boldsymbol{A}_t)^{-1}\boldsymbol{Y}_{de}=\boldsymbol{F}_t'\boldsymbol{L}_t\boldsymbol{Y}_{de} \tag{3-7}$$

同理，从投入产出表纵向可以得到产业部门碳排放转入(CEI)向量 $\boldsymbol{C}_{ei}$。

$$\boldsymbol{C}_{ei}=\boldsymbol{F}_l'(\boldsymbol{I}-\boldsymbol{A}_l)^{-1}\boldsymbol{Y}_{di}=\boldsymbol{F}_l'\boldsymbol{L}_l\boldsymbol{Y}_{di} \tag{3-8}$$

式中，$\boldsymbol{Y}_{di}$ 表示纵向产业部门进口向量。

由式(3-7)和式(3-8)可以看出，产业部门的碳排放转入和碳排放转出的计算还需获知各产业部门的碳排放系数，也即向量 $\boldsymbol{F}_t'$ 和 $\boldsymbol{F}_l'$ 为各产业部门单位产出的碳排放向量。产业部门的碳排放系数主要包括单位产出的直接碳排放量(直接碳排放系数)和单位产出的间接碳排放量(间接碳排放系数)，其数值计算如式(3-9)～式(3-10)所示(何艳秋，2012)。

$$c_i=\sum_{k=1}^{n}\beta_{ik}q_{ik}+\sum_{j=1}^{m}x_ib_{ij}f_j \tag{3-9}$$

式中，c_i 为产业部门 i 的碳排放总量；$\sum_{k=1}^{n}\beta_{ik}q_{ik}$ 为产业部门 i 的直接碳排放量，其中 q_{ik} 为产业部门 i 消耗第 k 种能源的数量，β_{ik} 为第 k 种能源的碳排放系数[①]；$\sum_{j=1}^{n}x_ib_{ij}f_j$ 为产业部门 i 的间接碳排放量，其中 x_i 为产业部门 i 的总产出，b_{ij} 为产业部门 i 对 j 的完全消耗系数，其矩阵形式可由式(3-5)推导为 $\boldsymbol{B}=(\boldsymbol{I}-\boldsymbol{A}_t)^{-1}-\boldsymbol{I}$，$f_j$ 为产业部门 j 的碳排放强度。产业部门 i 的碳排放系数为

$$f_i=c_i/x_i \tag{3-10}$$

① 具体数值来源于 IPCC 2006。

在计算碳排放转入(CEI)和碳排放转出(CEE)的基础上,可用式(3-11)进一步得到产业的净碳排放转移(NCE)(Sun,2014)。

$$NCE = CEI - CEE \tag{3-11}$$

产业净碳排放转移(NCE)表示的是一个产业部门在碳排放转入和碳排放转出共同作用下所表现的碳排放转移特征。如果产业净碳排放转移大于零则表示该产业部门碳排放转入量大于碳排放转出量,进一步表明由于碳排放转移的存在,该产业部门将碳排放量转移到其他产业,其实际所承担的碳排放责任小于其应该承担的责任;反之,情况相反。

3.1.2 产业部门选择及数据来源

在中国产业结构中,第二产业增加值约占中国 GDP 的 45.73%,第三产业增加值约占中国 GDP 的 44.16%,这两类产业是中国经济发展的主导产业。在投入产出表中,第二产业主要包括 23 个工业部门及建筑业,这 24 个产业部门能源消费总量约占全国能源消费总量的 71.5%。第三产业中交通运输及仓储业、批发和零售贸易业及住宿和餐饮业产业增加值约占第三产业增加值的 36.19%,且这 3 个产业部门所消费的能源总量约占第三产业能源消费总量的 41.60%(NBSC, 2014)。可见,这 3 个产业是第三产业中主要的经济产出部门和碳排放产出部门。为此,本书以上述 27(24+3)个子产业为研究对象,见表 3-2。这 27 个产业既是中国能源消费和二氧化碳排放的主要产业,也是支撑中国经济发展最主要的产业。以它们为研究对象可以从总体上把握中国产业间碳排放转移的总量特征、动态特征及其经济效应。本书所有产业的数据均来源于中国 2002,2005,2007,2010 年投入产出表。

表 3-2　产业部门选择

序号	产业部门	简写	序号	产业部门	简写
1	煤炭开采和洗选业	CMWI	15	通用专用设备制造业	GSEM
2	石油和天然气开采业	OGE	16	交通运输设备制造业	TEMI
3	金属矿采选业	MMI	17	电气机械及器材制造业	EMEM
4	非金属矿采选业	NMMI	18	通信设备、计算机及其他电子设备制造业	CECE
5	食品制造及烟草加工业	FMTP	19	仪器仪表及文化办公用机械制造业	MMII
6	纺织业	TI	20	其他制造业及废品废料	OMW
7	服装皮革羽绒及其制品业	CLII	21	电力、热力的生产和供应业	EHPS
8	木材加工及家具制造业	WPFM	22	燃气生产和供应业	GPSI
9	造纸印刷及文教用品制造业	PPSM	23	水的生产和供应业	WPSI
10	石油加工炼焦及核燃料加工业	PPCN	24	建筑业	CTI
11	化学工业	CI	25	交通运输及仓储业	TW
12	非金属矿物制品业	NMMP	26	批发和零售贸易业	WRT
13	金属冶炼及压延加工业	MSRP	27	住宿和餐饮业	AC
14	金属制品业	MPI			

3.2　产业间碳排放转移特征

由式(3-7)～式(3-11)，结合上述产业部门数据，可分别算出 2002，2005，2007，2010 年中国产业间碳排放转入量(图 3-1)、碳排放转出量(图 3-2)及净碳排放转移量，下面主要从总量特征和动态变化特征两方面来分析产业间碳排放转移特征。

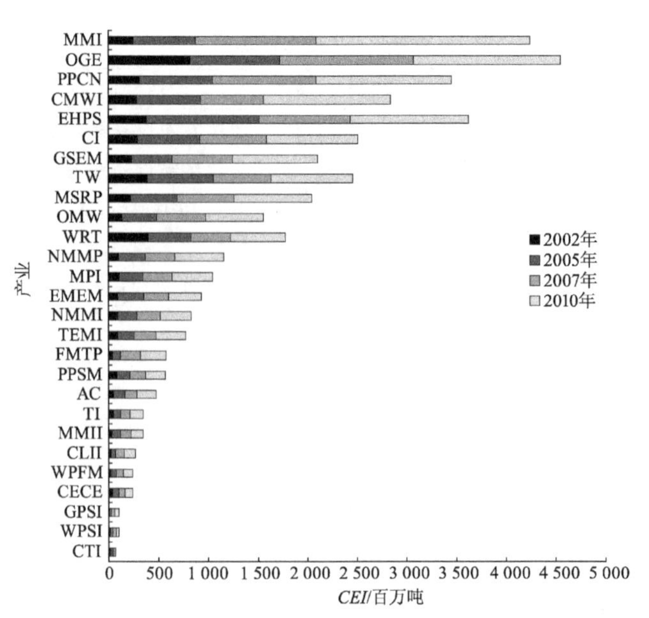

图 3-1　2002—2010 年产业间碳排放转入量

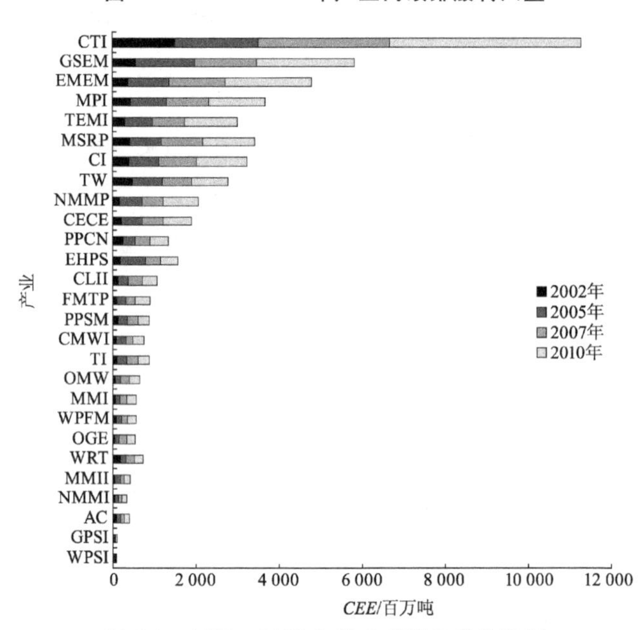

图 3-2　2002—2010 年产业间碳排放转出量

3.2.1　总量特征

从产业间碳排放转移总量来看，各产业碳排放转入量和碳排放转出量在各年份均为正数，且数值较大，但具体到各产业则表现为 2 个不同的特征：

① 传统能源产业具有较大的碳排放转入量，而加工制造型工业多表现为较高的碳排放转出量。由图 3-1 可以看出，碳排放转入总量最大的 5 个产业分别是 OGE，MMI，PPCN，EHPS 和 CMWI。这些产业均属于能源资源相关产业，是传统的重工业部门，也是国民经济的主导产业部门，其终端产品主要是各种能源产品。能源产品的形成过程需要消耗大量其他产业的终端产品，本产业内产品的消耗较少，因此，能源产业具有较多的碳排放转入量，表现为正的净碳排放转移量。与能源产业不同，尽管 CTI，GSEM，EMEM，MPI，MSRP 的碳排放转入量不高，但却是碳排放转出量最大的 5 个产业。这些产业属于加工制造型工业，其终端产品的生产多由产业本身来承担。同时，这些终端产品又多以生产资料的形式服务于其他产业的发展。因此，加工制造型工业表现为较多的碳排放转出，具有负的净碳排放转移量。其中，CTI 是负净碳排放转移量最大的产业。这主要是由于 CTI 是一个独立而完整的物质生产部门，其最终产品主要是固定资产，是其他产业部门进行生产的物质基础，因此，CTI 就需要在市场中提供大量的终端产品供其他产业部门使用，也就相应产生了较多的碳排放转出。

② 多数轻工业表现为较低的碳排放转入量和碳排放转出量。由图 3-1 和图 3-2 可以看出，GPSI，WPSI，TI，CLII，WPFM 等产业碳排放转入和碳排放转出均较低，这主要是因为这些产业在国民经济中均属于轻工业，本身产出总量及能源消费总量相对较小，对其他产业的影响力也相对较弱。

3.2.2　动态变化特征

从产业间碳排放转移变化趋势来看，各产业碳排放转入和碳排放转出的增幅以正数为主，但各具体产业增幅差异较大，具体表现为以下 2 个特征：

① 产业碳排放转入和碳排放转出在整体上表现为逐年递增的态势。产业碳排放转入和碳排放转出在整体上平均增幅分别为15.75%和13.78%。其中,2002年和2005年分别为24.41%和24.27%,2006年和2007年分别为11.88%和7.06%,而在2008年和2010年分别为10.97%和10.00%。可见,产业碳排放转入和碳排放转出均有较大幅度的增长,只是在2006年之后增长幅度有所下降。这与2006年之前中国经济的高速增长有关。但随着碳排放的增加,中国面临更严峻的国际、国内碳减排压力,中国政府提出了很多具体的碳减排措施。比如:2007年国家发展改革委等相关部门制定了《单位GDP能耗监测体系实施方案》,2008年工业和信息化部制定了《工业节能管理办法》等。特别是中国政府在2009年哥本哈根会议上也提出了量化的减排目标。这些政策的实施降低了产业部门碳排放的增长速度,同时也迫使一些高耗能高排放产业加速向其他产业进行碳转移。

② 尽管产业碳排放转入和碳排放转出年度平均增幅均为正数,但从具体产业来看,不同产业碳排放转入和碳排放转出的增幅具有一定的差异性(图3-3)。有8个产业(包括OGE,CI,TEMI,EMEM,CECE,WPSI,CTI,WRT)碳排放转入的增幅小于碳排放转出的增幅。这些产业在发展过程中承受其他产业转移过来的碳排放越来越多,其实际承担的碳减排责任也随之增加,这不利于产业碳减排目标的实现。与上述8个产业相反,余下19个产业(包括CMWI, MMI, NMMI, FMTP, TI, CLII, WPFM, PPSM, PPCN, NMMP, MSRP, MPI, GSEM, MMII, OMW, EHPS, GPSI, TW, AC)碳排放转入的增幅大于碳排放转出的增幅。这19个产业在发展过程中倾向于将自身的碳排放转移到其他产业,这些产业加快转移了碳减排责任,其碳减排责任也将越来越小,这不能真实地反映这19个产业实际的碳减排责任。

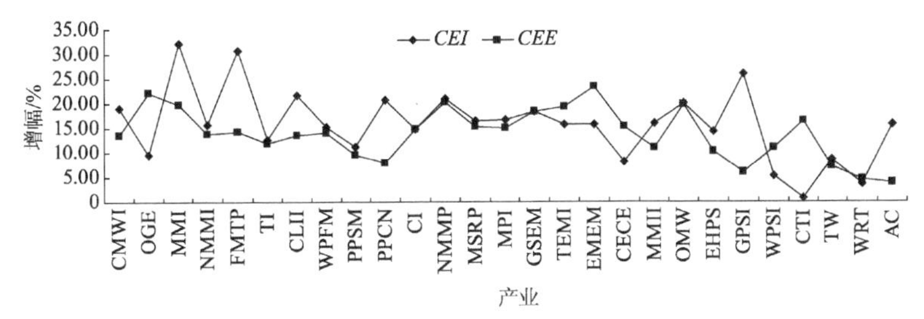

图 3-3　中国产业碳排放转入与碳排放转出平均增幅

3.3　产业碳排放转移的经济效应

3.3.1　产业碳排放转移经济效应测度模型

碳排放转移本质上体现为产业自身经济发展和转型升级的需求，因此，产业间碳排放转移不仅会影响各产业部门碳减排责任的确定，也会影响产业经济的发展(Whalley and Walsh，2009)。本书利用式(3-12)讨论产业间碳排放转移的整体经济效应。

$$Y_{it}=\alpha+\beta_1 CEI_{it}+\beta_2 CEE_{it}+\varepsilon_{it} \tag{3-12}$$

式中，CEI_{it} 和 CEE_{it} 分别表示产业 i 第 t 年的碳排放转入量和碳排放转出量；Y_{it} 是产业 i 第 t 年的产业增加值；β_1 和 β_2 分别表示单位碳排放转入和碳排放转出带来的经济产出；α 为截距项；ε_{it} 是随机误差项。

为揭示不同产业部门不同年份碳排放转移的经济效应，假设各解释变量的系数是变动的，把式(3-12)改写为式(3-13)：

$$Y_{it}=\alpha_{it}+\beta_{it} CE_{it}+\sigma_{it} \tag{3-13}$$

式中，CE_{it} 为产业部门 i 第 t 年的碳排放转移量，可表示为碳排放转入(CEI)、碳排放转出(CEE)和碳排放净值(NCE)3 种情况；β_{it} 为产业部门 i 第 t 年碳排放转移的经济效应；α_{it} 为截距项；σ_{it} 为随机误差项。

3.3.2　整体经济效应

根据式(3-12)，用 Eviews 8.0 软件估计了相应参数，见表3-3。表 3-3 中所有参数的 P 值、T 统计量均在 1% 显著性水平下通过检验，F 统计量为 104.331 4。这说明设立的模型在整体上有统计意义，估计得到的系数值具有较强的可信度。

表 3-3　产业碳排放转移经济效应整体状况的检验结果

变量	系数	标准误	T 统计量	P 值
α	21.317 0	3.580 8	5.953 2	0.00
β_1	0.035 9	0.005 9	6.084 5	0.00
β_2	0.045 2	0.003 5	12.974 3	0.00
R-squared	0.394 0	Mean dependent var	56.741 3	
Adjusted R-squared	0.390 2	S. D. dependent var	53.613 0	
F-statistic	104.331 4	Durbin-Watson stat	0.827 9	

表 3-3 中产业碳排放转入和碳排放转出的系数均为正数(分别为 0.035 9 和 0.045 2)，说明产业碳排放转入和碳排放转出在整体上均促进了产业经济的发展，具有正向的经济效应。换句话说，在目前的产业环境下，产业间碳排放转移的存在是符合中国产业发展政策的，对产业经济发展具有正向推动作用。从影响强度来看，产业碳排放转出系数(0.045 2)大于碳排放转入系数(0.035 9)，说明相对于产业碳排放转入，产业碳排放转出的经济效应更大，在整体上提高产业碳排放转出量更能够促进产业经济的发展。

3.3.3　经济效应的产业差异

根据式(3-13)，用 Eviews 8.0 计算相应参数，所得结果见表 3-4。类似于表 3-3，表 3-4 中各系数值在 5%显著性水平下均通过检验，说明估计得到的系数值具有较强的可信度。

表 3-4　2002—2010 年各产业碳排放转移经济效应

产业部门	β (CEI)				β (CEE)				β (NCE)			
	2002	2005	2007	2010	2002	2005	2007	2010	2002	2005	2007	2010
CMWI	0.08	0.05	0.07	0.07	0.26	0.15	0.26	0.34	0.12	0.08	0.10	0.09
OGE	0.03	0.04	0.04	0.05	0.45	0.43	0.30	0.34	0.03	0.05	0.05	0.05

续表

产业部门	β(CEI)				β(CEE)				β(NCE)			
	2002	2005	2007	2010	2002	2005	2007	2010	2002	2005	2007	2010
MMI	0.02	0.02	0.02	0.02	0.12	0.09	0.15	0.16	0.03	0.02	0.02	0.02
NMMI	0.08	0.04	0.06	0.06	0.18	0.09	0.17	0.15	0.14	0.06	0.11	0.10
FMTP	1.08	0.93	0.51	0.55	0.40	0.37	0.42	0.42	−0.65	−0.61	−2.47	−1.89
TI	0.47	0.43	0.52	0.53	0.20	0.15	0.18	0.25	−0.34	−0.24	−0.27	−0.48
CLII	0.65	0.64	0.48	0.43	0.12	0.12	0.12	0.13	−0.15	−0.15	−0.16	−0.19
WPFM	0.36	0.27	0.40	0.30	0.15	0.11	0.16	0.14	−0.25	−0.19	−0.27	−0.25
PPSM	0.28	0.20	0.24	0.21	0.19	0.11	0.15	0.15	−0.55	−0.27	−0.42	−0.57
PPCN	0.03	0.03	0.04	0.04	0.04	0.08	0.10	0.14	0.15	0.05	0.05	0.06
CI	0.20	0.14	0.19	0.20	0.14	0.13	0.14	0.15	−0.51	−1.25	−0.51	−0.64
NMMP	0.19	0.16	0.21	0.18	0.11	0.08	0.12	0.10	−0.25	−0.16	−0.29	−0.25
MSRP	0.17	0.14	0.21	0.19	0.09	0.08	0.12	0.12	−0.21	−0.21	−0.28	−0.32
MPI	0.12	0.10	0.13	0.11	0.03	0.03	0.04	0.03	−0.04	−0.04	−0.05	−0.05
GSEM	0.16	0.15	0.15	0.16	0.06	0.04	0.06	0.06	−0.11	−0.06	−0.11	−0.09
TEMI	0.27	0.23	0.29	0.37	0.09	0.06	0.08	0.09	−0.13	−0.08	−0.11	−0.12
EMEM	0.18	0.13	0.19	0.22	0.05	0.03	0.03	0.04	−0.06	−0.05	−0.04	−0.04
CECE	0.69	0.74	1.10	1.12	0.14	0.09	0.14	0.13	−0.17	−0.10	−0.16	−0.15
MMII	0.12	0.10	0.10	0.12	0.08	0.06	0.11	0.11	−0.29	−0.17	2.43	−1.34
OMW	0.04	0.03	0.10	0.11	0.09	0.08	0.25	0.24	0.08	0.05	0.17	0.19
EHPS	0.10	0.06	0.10	0.09	0.21	0.10	0.25	0.26	0.20	0.12	0.15	0.14
GPSI	0.09	0.12	0.07	0.11	0.04	0.06	0.11	0.15	−0.08	−0.13	0.17	0.39
WPSI	0.17	0.15	0.18	0.31	0.23	0.19	0.26	0.24	0.68	0.76	0.63	−1.05
CTI	4.14	4.47	11.49	13.77	0.04	0.05	0.05	0.06	−0.04	−0.05	−0.05	−0.06
TW	0.18	0.16	0.25	0.23	0.14	0.15	0.21	0.21	−0.74	−2.19	−1.28	−2.98
WRT	0.24	0.31	0.44	0.56	0.50	1.03	0.84	1.51	0.45	0.45	0.90	0.88
AC	0.53	0.37	0.46	0.43	0.37	0.40	0.58	0.71	−1.17	4.44	2.24	1.06

表 3-4 给出了单一碳排放转入、单一碳排放转出及两者共同影

响下对不同产业经济发展的影响。由具体系数值可以看出,增加碳排放转入量或碳排放转出量均能带来产业经济产出的增加。通常情境下,产业经济的发展是受碳排放转入和碳排放转出共同影响的,其经济效应主要是由产业净碳排放转移系数 β 来反映。

产业净碳排放转移经济效应为正数的产业共有 8 个(包括 CMWI,OGE,MMI,NMMI,PPCN,OMW,EHPS,WRT),这 8 个产业净碳排放转移越大,其经济效应就越大,也即碳排放转入量越大于碳排放转出量,越有利于这 8 个产业的发展。由此,从促进产业经济发展的角度来看,应适度增加这些产业的碳排放转入量。

产业净碳排放转移经济效应为负数的产业共有 15 个(包括 FMTP, TI, CLII, WPFM, PPSM, CI, NMMP, MSRP, MPI, GSEM,TEMI,EMEM,CECE,CTI,TW)。这 15 个产业的经济将随着碳排放净值的降低而增加,可见,这些产业碳排放转入量越小于碳排放转出量,将越有助于促进这些产业的经济发展。因此,适度提高这 15 个产业的碳排放转出量将有助于增加这些产业的经济产出。

共有 4 个产业净碳排放转移经济效应不明确,表现为 β 值在不同年份有正有负。这 4 个产业分别是 MMII,GPSI,WPSI,AC,其中 GPSI 和 AC 这 2 个产业净碳排放转移在 2007 年和 2010 年均表现为正的经济效应。可见,近年来,就这 2 个产业而言,碳排放转入量越大于碳排放转出量,越有利于促进这 2 个产业的经济发展。而 MMII 和 WPSI 的经济效应在 2007 年为正数,在 2010 年为负数,说明这 2 个产业的经济效应有变负的趋势,如果要提高这 2 个产业的经济发展水平,在政策上应增加这 2 个产业的碳排放转出量。

3.4 产业部门碳排放转移结构因素分解

区域或产业间碳排放转移与其经济发展程度相关,经济发达区域或产业具有向经济相对落后地区或产业转移碳排放的态势。考虑到区域间碳排放转移均是由各区域产业间的交互联系而形成的,提炼产业间碳排放转移特征将有助于进一步了解区域间碳排放转移的内在规律。而现有研究主要是静态地测度中国各区域各产业部门的碳排放转移量,没有考虑到产业部门间碳排放转移的内在驱动因素,也没有考虑这些影响因素对产业部门碳排放转移的动态影响。为此,本书将以中国各产业部门为研究对象,分别从整体和分部门2个视角对中国产业部门的碳排放转移进行动态分解,提炼其内在演进规律的影响因素及其作用机理,以期为产业部门间碳排放转移的优化、产业经济发展和碳减排双重目标的实现提供理论基础和实证参考。

3.4.1 分解模型

指数分解法(IDA)和结构分解分析方法(SDA)是碳排放因素分解的2类主要方法,其中IDA模型只需使用部门或行业合计信息即可计算,能够量化经济结构、能源强度、碳排放强度等多种因素对碳排放的直接影响,但是无法分析各部门产品的需求变化对碳排放的间接影响(Ang et al,2015)。而SDA模型可以结合投入产出表来分析,能够全面分析各种直接或间接的影响因素,特别是某个部门需求变动给其他部门带来的间接影响,便于考察部门间的联系。同时,该模型还可以基于投入产出表的基本经济关系分析各影响因素间的变动关系,从而判断因素间的相互影响程度(Lan et al,2016;Su and B. W. Ang,2016)。为此,本书在投入产出模型及SDA模型基础上,构建了产业部门碳排放转出和碳排放转入结构分解模型,具体过程如下。

投入产出表基本模型如式(3-14)~式(3-17)所示(Lentief,1970):

$$\boldsymbol{AX}+\boldsymbol{Y}=\boldsymbol{X} \tag{3-14}$$

式(3-14)也可表示为

$$\boldsymbol{X}=(\boldsymbol{I}-\boldsymbol{A})^{-1}\boldsymbol{Y} \tag{3-15}$$

式中,$\boldsymbol{X}$ 为总产出矩阵;$\boldsymbol{I}$ 是单位矩阵;$\boldsymbol{A}$ 为直接消耗系数矩阵;$(\boldsymbol{I}-\boldsymbol{A})^{-1}$是列昂惕夫逆矩阵;$\boldsymbol{Y}$ 是最终需求矩阵。

直接消耗系数矩阵 $\boldsymbol{A}$ 的表达式如下:

$$A=\begin{bmatrix} \alpha_{11} & \alpha_{12} & \cdots & \alpha_{1n} \\ \alpha_{21} & \alpha_{22} & \cdots & \alpha_{2n} \\ \vdots & \vdots & & \vdots \\ \alpha_{n1} & \alpha_{n2} & \cdots & \alpha_{nn} \end{bmatrix} \tag{3-16}$$

$$\alpha_{pk}=\frac{z_{pk}}{x_k} \quad (p,k=1,2,3,\cdots,n) \tag{3-17}$$

式中,α_{pk} 即为直接消耗系数,表示产业部门 k 在生产经营过程中单位总产出直接消耗的产业部门 p 终端产品或服务的数量;z_{pk} 为投入产出表中产业部门 k 生产经营中直接消耗产业部门 p 的产品或服务的价值量;x_k 为产业部门 k 的总产出。

从投入产出表横向来看,$\boldsymbol{Y}$ 是由产业部门的最终需求 $\boldsymbol{Y}_{dd}$ 和产业部门的出口量 $\boldsymbol{Y}_{ee}$ 构成的,即

$$\boldsymbol{Y}=\boldsymbol{Y}_{dd}+\boldsymbol{Y}_{ee} \tag{3-18}$$

假设 $\boldsymbol{EF}_{ee}$ 为横向各产业部门 CO_2 排放强度组成的矩阵,依据式(3-15)可得产业部门的 CO_2 排放量为

$$\boldsymbol{C}=\boldsymbol{EF}_{ee}(\boldsymbol{I}-\boldsymbol{A}_{ee})^{-1}(\boldsymbol{Y}_{dd}+\boldsymbol{Y}_{ee}) \tag{3-19}$$

式中,$\boldsymbol{A}_{ee}$ 为横向产业部门直接消耗矩阵。由式(3-19)及产业碳排放转出的内涵,可得各产业部门碳排放转出量 $\boldsymbol{C}_{ee}$(Su et al,2010)。

$$\boldsymbol{C}_{ee}=\boldsymbol{EF}_{ee}(\boldsymbol{I}-\boldsymbol{A}_{ee})^{-1}\boldsymbol{Y}_{ee} \tag{3-20}$$

同理,从投入产出表纵向来看,结合产业碳排放转入的内涵,可得各产业部门碳排放转入量 $\boldsymbol{C}_{ei}$。

$$\boldsymbol{C}_{ei}=\boldsymbol{EF}_{ei}(\boldsymbol{I}-\boldsymbol{A}_{ei})^{-1}\boldsymbol{Y}_{ei} \tag{3-21}$$

式中,$\boldsymbol{EF}_{ei}$,$\boldsymbol{A}_{ei}$,$\boldsymbol{Y}_{ei}$ 分别表示纵向产业部门碳排放强度矩阵、直接消耗矩阵和进口向量矩阵。

式(3-20)中产业部门的出口量 $\boldsymbol{Y}_{ee}$ 又可分解为出口总量 $\boldsymbol{Q}_{ee}$ 和出口结构 $\boldsymbol{S}_{ee}$ 两部分(李艳梅 等,2010;赵玉焕,2013),即

$$\boldsymbol{Y}_{ee}=\boldsymbol{Q}_{ee}\boldsymbol{S}_{ee} \tag{3-22}$$

因此,式(3-20)可改写为

$$\boldsymbol{C}_{ee}=\boldsymbol{EF}_{ee}(\boldsymbol{I}-\boldsymbol{A}_{ee})^{-1}\boldsymbol{Q}_{ee}\boldsymbol{S}_{ee} \tag{3-23}$$

基于 SDA 模型,用下标 0 和 1 表示基期和计算期,从基期对

式(3-23)进行结构分解可得：

$$\begin{aligned}\Delta\boldsymbol{C}_{ee}&=\boldsymbol{C}_{ee1}-\boldsymbol{C}_{ee0}\\&=\boldsymbol{EF}_{ee1}(\boldsymbol{I}-\boldsymbol{A}_{ee})_1^{-1}\boldsymbol{Q}_{ee1}\boldsymbol{S}_{ee1}-\boldsymbol{EF}_{ee0}(\boldsymbol{I}-\boldsymbol{A}_{ee})_0^{-1}\boldsymbol{Q}_{ee0}\boldsymbol{S}_{ee0}\\&=\Delta\boldsymbol{EF}_{ee}(\boldsymbol{I}-\boldsymbol{A}_{ee})_0^{-1}\boldsymbol{Q}_{ee0}\boldsymbol{S}_{ee0}+\boldsymbol{EF}_{ee1}\Delta(\boldsymbol{I}-\boldsymbol{A}_{ee})^{-1}\boldsymbol{Q}_{ee0}\boldsymbol{S}_{ee0}+\\&\quad\boldsymbol{EF}_{ee1}(\boldsymbol{I}-\boldsymbol{A}_{ee})_1^{-1}\Delta\boldsymbol{Q}_{ee}\boldsymbol{S}_{ee0}+\boldsymbol{EF}_{ee1}(\boldsymbol{I}-\boldsymbol{A}_{ee})_1^{-1}\boldsymbol{Q}_{ee1}\Delta\boldsymbol{S}_{ee}\end{aligned}\tag{3-24}$$

从计算期对式(3-23)进行结构分解可得：

$$\begin{aligned}\Delta\boldsymbol{C}_{ee}&=\boldsymbol{C}_{ee1}-\boldsymbol{C}_{ee0}\\&=\boldsymbol{EF}_{ee1}(\boldsymbol{I}-\boldsymbol{A}_{ee})_1^{-1}\boldsymbol{Q}_{ee1}\boldsymbol{S}_{ee1}-\boldsymbol{EF}_{ee0}(\boldsymbol{I}-\boldsymbol{A}_{ee})_0^{-1}\boldsymbol{Q}_{ee0}\boldsymbol{S}_{ee0}\\&=\Delta\boldsymbol{EF}_{ee}(\boldsymbol{I}-\boldsymbol{A}_{ee})_1^{-1}\boldsymbol{Q}_{ee1}\boldsymbol{S}_{ee1}+\boldsymbol{EF}_{ee0}\Delta(\boldsymbol{I}-\boldsymbol{A}_{ee})^{-1}\boldsymbol{Q}_{ee1}\boldsymbol{S}_{ee1}+\\&\quad\boldsymbol{EF}_{ee0}(\boldsymbol{I}-\boldsymbol{A}_{ee})_0^{-1}\Delta\boldsymbol{Q}_{ee}\boldsymbol{S}_{ee1}+\boldsymbol{EF}_{ee0}(\boldsymbol{I}-\boldsymbol{A}_{ee})_0^{-1}\boldsymbol{Q}_{ee0}\Delta\boldsymbol{S}_{ee}\end{aligned}\tag{3-25}$$

取式(3-24)和式(3-25)的平均值可得：

$$\begin{aligned}\Delta\boldsymbol{C}_{ee}=&\frac{1}{2}[\Delta\boldsymbol{EF}_{ee}(\boldsymbol{I}-\boldsymbol{A}_{ee})_1^{-1}\boldsymbol{Q}_{ee1}\boldsymbol{S}_{ee1}+\Delta\boldsymbol{EF}_{ee}(\boldsymbol{I}-\boldsymbol{A}_{ee})_0^{-1}\boldsymbol{Q}_{ee0}\boldsymbol{S}_{ee0}]+\\&\frac{1}{2}[\boldsymbol{EF}_{ee0}\Delta(\boldsymbol{I}-\boldsymbol{A}_{ee})^{-1}\boldsymbol{Q}_{ee1}\boldsymbol{S}_{ee1}+\boldsymbol{EF}_{ee1}\Delta(\boldsymbol{I}-\boldsymbol{A}_{ee})^{-1}\boldsymbol{Q}_{ee0}\boldsymbol{S}_{ee0}+\\&\frac{1}{2}[\boldsymbol{EF}_{ee0}(\boldsymbol{I}-\boldsymbol{A}_{ee})_0^{-1}\Delta\boldsymbol{Q}_{ee}\boldsymbol{S}_{ee1}+\boldsymbol{EF}_{ee1}(\boldsymbol{I}-\boldsymbol{A}_{ee})_1^{-1}\Delta\boldsymbol{Q}_{ee}\boldsymbol{S}_{ee0}]+\\&\frac{1}{2}[\boldsymbol{EF}_{ee0}(\boldsymbol{I}-\boldsymbol{A}_{ee})_0^{-1}\boldsymbol{Q}_{ee0}\Delta\boldsymbol{S}_{ee}+\boldsymbol{EF}_{ee1}(\boldsymbol{I}-\boldsymbol{A}_{ee})_1^{-1}\boldsymbol{Q}_{ee1}\Delta\boldsymbol{S}_{ee}]\end{aligned}\tag{3-26}$$

可将式(3-26)简化为

$$\Delta\boldsymbol{C}_{ee}=f(\Delta\boldsymbol{EF}_{ee})+f(\Delta(\boldsymbol{I}-\boldsymbol{A}_{ee})^{-1})+f(\Delta\boldsymbol{Q}_{ee})+f(\Delta\boldsymbol{S}_{ee})\tag{3-27}$$

式中，

$$f(\Delta\boldsymbol{EF}_{ee})=\frac{1}{2}[\Delta\boldsymbol{EF}_{ee}(\boldsymbol{I}-\boldsymbol{A}_{ee})_1^{-1}\boldsymbol{Q}_{ee1}\boldsymbol{S}_{ee1}+\Delta\boldsymbol{EF}_{ee}(\boldsymbol{I}-\boldsymbol{A}_{ee})_0^{-1}\boldsymbol{Q}_{ee0}\boldsymbol{S}_{ee0}]\tag{3-28}$$

$$f(\Delta(\boldsymbol{I}-\boldsymbol{A}_{ee})^{-1})=\frac{1}{2}[\boldsymbol{EF}_{ee0}\Delta(\boldsymbol{I}-\boldsymbol{A}_{ee})^{-1}\boldsymbol{Q}_{ee1}\boldsymbol{S}_{ee1}+\boldsymbol{EF}_{ee1}\Delta(\boldsymbol{I}-\boldsymbol{A}_{ee})^{-1}\boldsymbol{Q}_{ee0}\boldsymbol{S}_{ee0}]\tag{3-29}$$

$$f(\Delta \boldsymbol{Q}_{ee})=\frac{1}{2}[\boldsymbol{EF}_{ee0}(\boldsymbol{I}-\boldsymbol{A}_{ee})_0^{-1}\Delta \boldsymbol{Q}_{ee}\boldsymbol{S}_{ee1}+\boldsymbol{EF}_{ee1}(\boldsymbol{I}-\boldsymbol{A}_{ee})_1^{-1}\Delta \boldsymbol{Q}_{ee}\boldsymbol{S}_{ee0}] \tag{3-30}$$

$$f(\Delta \boldsymbol{S}_{ee})=\frac{1}{2}[\boldsymbol{EF}_{ee0}(\boldsymbol{I}-\boldsymbol{A}_{ee})_0^{-1}\boldsymbol{Q}_{ee0}\Delta \boldsymbol{S}_{ee}+\boldsymbol{EF}_{ee1}(\boldsymbol{I}-\boldsymbol{A}_{ee})_1^{-1}\boldsymbol{Q}_{ee1}\Delta \boldsymbol{S}_{ee}] \tag{3-31}$$

同理,基于式(3-21)可以得到产业部门碳排放转入的分解模型:

$$f(\Delta \boldsymbol{EF}_{ei})=\frac{1}{2}[\Delta \boldsymbol{EF}_{ei}(\boldsymbol{I}-\boldsymbol{A}_{ei})_1^{-1}\boldsymbol{Q}_{ei1}\boldsymbol{S}_{ei1}+\Delta \boldsymbol{EF}_{ei}(\boldsymbol{I}-\boldsymbol{A}_{ei})_0^{-1}\boldsymbol{Q}_{ei0}\boldsymbol{S}_{ei0}] \tag{3-32}$$

$$f(\Delta(\boldsymbol{I}-\boldsymbol{A}_{ei})^{-1})=\frac{1}{2}[\boldsymbol{EF}_{ei0}\Delta(\boldsymbol{I}-\boldsymbol{A}_{ei})^{-1}\boldsymbol{Q}_{ei1}\boldsymbol{S}_{ei1}+\boldsymbol{EF}_{ei1}\Delta(\boldsymbol{I}-\boldsymbol{A}_{ei})^{-1}\boldsymbol{Q}_{ei0}\boldsymbol{S}_{ei0}] \tag{3-33}$$

$$f(\Delta \boldsymbol{Q}_{ei})=\frac{1}{2}[\boldsymbol{EF}_{ei0}(\boldsymbol{I}-\boldsymbol{A}_{ei})_0^{-1}\Delta \boldsymbol{Q}_{ei}\boldsymbol{S}_{ei1}+\boldsymbol{EF}_{ei1}(\boldsymbol{I}-\boldsymbol{A}_{ei})_1^{-1}\Delta \boldsymbol{Q}_{ei}\boldsymbol{S}_{ei0}] \tag{3-34}$$

$$f(\Delta \boldsymbol{S}_{ei})=\frac{1}{2}[\boldsymbol{EF}_{ei0}(\boldsymbol{I}-\boldsymbol{A}_{ei})_0^{-1}\boldsymbol{Q}_{ei0}\Delta \boldsymbol{S}_{ei}+\boldsymbol{EF}_{ei1}(\boldsymbol{I}-\boldsymbol{A}_{ei})_1^{-1}\boldsymbol{Q}_{ei1}\Delta \boldsymbol{S}_{ei}] \tag{3-35}$$

式(3-28)和式(3-32)分别表示产业部门碳排放转出和碳排放转入的碳排放强度效应,反映的是产业部门整体生产技术变化对碳排放转出或转入的影响。式(3-29)和式(3-33)分别表示碳排放转出和碳排放转入的中间生产技术效应,综合反映产业部门间投入产出技术水平变化对碳排放转移的影响程度。式(3-30)和式(3-34)分别表示产业部门碳排放转出和碳排放转入的投入规模效应,表现为产业间投入总量变化对碳排放转移的影响。式(3-31)和式(3-35)则分别表示产业部门碳排放转出和碳排放转入的投入结构效应,表现为产业间投入结构对碳排放转移的影响。

要计算上述公式中产业碳排放转出和碳排放转入结构分解效应,需提前计算各产业部门碳排放强度 EF 的具体数值,其具体计算公式如下:

$$ef_k = \sum_{j=1}^{m} \beta_{kj} q_{kj} / x_k \tag{3-36}$$

式中，ef_k 为产业部门 k 的碳排放强度；q_{kj} 指的是产业部门 k 在产品和服务生产过程中消耗的第 j 种资源；β_{kj} 为第 j 种资源的碳排放系数（IPCC，2006）；x_k 为产业部门 k 的总产出量。

3.4.2　产业选择及数据来源

本部分也选择表 3-2 中产业为研究对象。依据产业部门分类特征（郭朝先，2010），本书进一步将表 3-2 中各产业部门分为以下 5 类：① 能源工业部门，主要包括煤炭开采和洗选业（CMWI），石油和天然气开采业（OGE），石油加工炼焦及核燃料加工业（PPCN），电力、热力的生产和供应业（EHPS），燃气生产和供应业（GPSI）；② 轻制造部门，主要包括食品制造及烟草加工业（FMTP）、纺织业（TI）、服装皮革羽绒及其制品业（CLII）、木材加工及家具制造业（WPFM）、造纸印刷及文教用品制造业（PPSM）；③ 重制造部门，主要包括化学工业（CI），非金属矿物制品业（NMMP），金属冶炼及压延加工业（MSRP），金属制品业（MPI），通用专用设备制造业（GSEM），交通运输设备制造业（TEMI），电气机械及器材制造业（EMEM），通信设备、计算机及其他电子设备制造业（CECE），仪器仪表及文化办公用机械制造业（MMII）；④ 其他工业部门，包括金属矿采选业（MMI）、非金属矿采选业（NMMI）、水的生产和供应业（WPSI）、其他制造业及废品废料（OMW）；⑤ 服务业部门，主要包括建筑业（CTI）、交通运输及仓储业（TW）、批发和零售贸易业（WRT）、住宿和餐饮业（AC）。本部分所有产业的数据均来源于中国 2002，2005，2007，2010，2012 年投入产出表。

3.4.3　实证结果分析

（1）产业整体碳排放转移结构分解

对产业整体碳排放转移进行结构分解，有助于及时把握中国碳排放转移影响因素的整体变化规律，是宏观碳减排政策制定及修改的重要依据。由式（3-28）～式（3-36）及 2002，2005，2007，2010，2012 年投入产出表，可得产业整体碳排放转移结构分解结果，具体如表 3-5 及图 3-4 所示。

表 3-5　2002—2012 年产业整体碳排放转移结构分解

百万吨

影响因素	碳排放转出					碳排放转入				
	2002—2005	2005—2007	2007—2010	2010—2012	**2002—2012**	2002—2005	2005—2007	2007—2010	2010—2012	**2002—2012**
碳排放强度效应	−2 392.18	−12 630.47	−8 100.62	−11 399.49	**−33 474.02**	−5 378.42	−16 073.42	−12 131.02	−11 319.25	**−51 005.24**
中间生产技术效应	4 702.70	2 017.04	−696.73	−2 723.07	**8 961.06**	6 007.37	4 920.60	−385.14	−2 015.70	**19 361.13**
投入规模效应	15 553.23	20 231.60	24 352.66	12 070.12	**62 920.70**	22 083.02	26 434.10	25 215.33	16 751.69	**84 796.01**
投入结构效应	2 436.36	548.28	−366.53	−4 056.07	**1 139.09**	−694.63	−1 716.50	2 621.13	−5 881.34	**−4 714.08**
合计	20 300.11	10 166.45	15 188.78	−6 108.51	**39 546.84**	22 017.35	13 564.78	15 320.29	−2 464.61	**48 437.82**

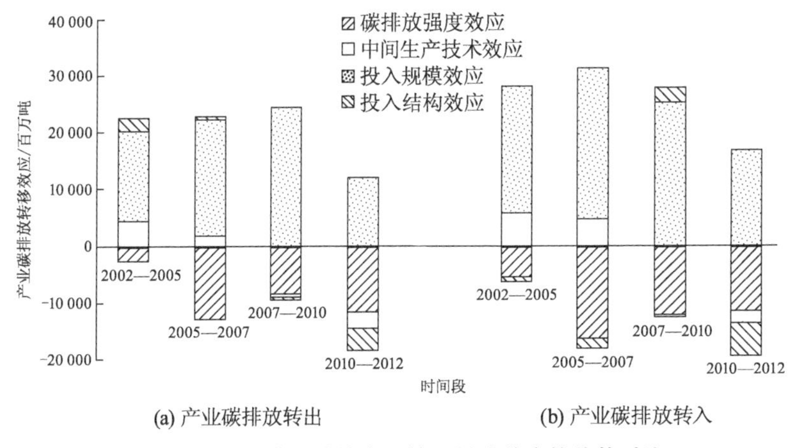

图 3-4　产业碳排放转出和转入影响效应的趋势对比

表 3-5 中的数据显示，在总量上，产业碳排放转出的碳排放强度效应为－33 474.02 百万吨，产业碳排放转入的碳排放强度效应为－51 005.24 百万吨。这说明外生节能减排技术的应用及其正向减排的外部溢出效应在中国具有较强的减排效应。但是，外生性的减排技术受技术进步本身、引入产业或区域本体体制、机制及吸纳能力等各方面的限制，又会致使一些减排技术的功能很难完全发挥作用，具体表现为产业中间生产技术效应对产业碳排放转移的影响。

由表 3-5 可见，2002—2012 年产业中间生产技术效应分别带来了 8 961.06 百万吨产业碳排放转出和 19 361.13 百万吨产业碳排放转入的增加；而投入规模效应分别是 62 920.70 百万吨和 84 796.01 百万吨。究其原因，一方面是由于中国整体产业减排技术水平不高、产业发展较为粗放，这使得产业自身在商品流转过程中形成了大量的碳排放转移；另一方面也是和考察期内中国经济的高速发展有关，在这一时期，中国 GDP 年均增速为 10.17%，产业间的经济联系在总量上增长幅度较大，这也将不可避免地导致产业间碳排放转出和碳排放转入量的增加。因此，增强产业部门技术接收能力、提升产业部门的投入产出能力、消除产业中间生产技术的抑制减排效应及优化投入规模将是未来各产业部门减排工作的重点。同时,投入结构效应增加了 1 139.09 百万吨碳排放转出及减少了 4 714.08 百万吨碳排放转入。这说明近年来产业投入结构优化改善的趋势较为明显,碳排放转入的投入结构减排效应较大,应保持并加强产业间投入结构的进一步优化。

由图 3-4 可以看出,碳排放转入和碳排放转出各影响效应主要有以下 3 个变动规律:

① 碳排放强度具有持续的减排效应,表现为各考察期内碳排放强度效应值均为负值。

这与考察期内中国政府相关的碳减排政策有着较大的关系。如:2006 年中国政府提出"到 2010 年,单位 GDP 能耗比 2005 年降低两成、主要污染物排放减少一成"的减排目标。2009 年中国政府又主动提出"到 2020 年单位 GDP 碳排放量比 2005 年降低 40%～45%"的减排目标。这为产业部门节能减排提供了强大的动力,表现为产业大量减排技术的持续引进与创新,这些均使得产业碳排放转出和碳排放转入在 2007 年(分别减少 12 630.47 百万吨和 16 073.42 百万吨)、2010 年(分别减少 8 100.62 百万吨和 12 131.02 百万吨)及 2012 年(分别减少 11 399.49 百万吨和 11 319.25 百万吨)都有着较大幅度的下降。而在 2015 年,中国政府又在《强化应对气候变化行动——中国国家自主贡献》(INDC)中主动提出,到 2030 年中国碳减排目标为单位国内生产总值二氧化碳排放量比 2005 年下降 60%～65%。可以预见,在未来较长的时间内,减排技术的引进和创新也将是产业减排的重点,碳排放强度对产业碳排放转入和转出也将具有持续的减排效应。

② 中间生产技术和投入规模对产业碳排放转入和转出以增加效应为主,其中中间生产技术效应有逐年递减的态势,而投入规模效应的促进作用则较为稳定。

碳排放转出中间生产技术效应从 2002—2005 年的 4 702.70 百万吨降至 2010—2012 年的－2 723.07 百万吨,碳排放转入则从 6 007.37 百万吨降至－2 015.70 百万吨;投入规模效应先增加后下降，但始终保持着正向的促进作用。这说明随着时间的推移，各产业自身接收相关减排技术的能力在逐渐增强，有促进减排的态势。但鉴于中国经济总量的持续增长，产业碳排放转移的投入规模却在很大程度上抑制了各产业的减排效应，因此，合理控制经济发展，在保持减排的基础上提升经济发展质量将是有效控制碳排放转移的重要基础。

③ 投入结构效应对产业碳排放转出具有逐年递减的态势，对产业碳排放转入具有先减少后增加再减少的波动特征。

分时间段来看，碳排放转出的投入结构效应从 2002—2005 年的 2 436.36 百万吨持续下降为 2010—2012 年的－4 056.07 百万吨，碳排放转入虽有所波动，但总体上降至 2010—2012 年的－5 881.34 百万吨。在图 3-4 中表现为投入结构效应呈现正负波动变化。这与中国产业转移、结构调整有着较大的关系。在 2009 年、2010 年中国各级政府及大多数产业部门颁布了多项产业结构调整及转移政策，在这些政策效应下，随着产业间经济联系的快速增加，其投入结构也存在较多的不合理情境。这些均需要在随后的产业结构调整及转移的政策中加以引导，优化产业间的投入结构。

(2) 产业类型碳排放转移结构分解

通过对各产业部门碳排放转移的结构分解，能清晰地再现不同时段碳排放转出和转入变化的主要来源及影响因素，有助于从产业视角去降低碳排放量，达到节能减排的预期效果。由上述公式及投入产出表可得产业部门碳排放转移动态分解结构（表 3-6 和表 3-7）。

表 3-6　2002—2012 年产业部门碳排放转移结构分解

百万吨

产业碳排放转移	影响效应	能源工业	轻制造业	重制造业	其他工业	服务业	综合效应
产业碳排放转出	碳排放强度效应	−2 981.30	−2 618.24	−16 807.90	−727.41	−10 338.57	**−33 474.02**
	中间生产技术效应	983.33	594.48	4 385.40	242.07	2 755.78	**8 961.06**
	投入规模效应	5 338.07	5 295.18	33 504.89	1 250.40	17 532.17	**62 920.70**
	投入结构效应	−238.19	−61.00	673.48	1.22	763.58	**1 139.09**
	合计	**3 101.91**	**3 209.82**	**21 755.87**	**766.28**	**10 712.96**	**39 546.84**
产业碳排放转入	碳排放强度效应	−24 176.50	−840.98	−15 854.85	−8 894.35	−1 238.56	**−51 005.24**
	中间生产技术效应	10 491.93	300.85	2 554.34	6 221.84	−207.84	**19 361.13**
	投入规模效应	31 054.42	2 140.27	38 282.24	10 802.50	2 516.58	**84 796.01**
	投入结构效应	−1 688.74	−8.64	−2 372.88	−507.87	−135.94	**−4 714.08**
	合计	**15 681.11**	**1 591.49**	**22 608.84**	**7 622.12**	**934.25**	**48 437.82**

表 3-7　产业部门碳排放转移结构分解变动量

百万吨

影响效应	时间	碳排放转出变化					碳排放转入变化				
		能源工业	轻制造业	重制造业	其他工业	服务业	能源工业	轻制造业	重制造业	其他工业	服务业
碳排放强度效应	2005—2007	−1 161.55	−1 044.87	−6 855.60	−367.71	−3 200.75	−4 770.11	−441.07	−6 803.22	−3 746.70	−312.33
	2007—2010	−599.40	−947.93	−3 985.06	−275.46	−2 292.77	−5 083.95	−494.77	−3 986.37	−2 263.28	−302.65
	2010—2012	−790.49	−809.92	−6 301.50	−270.90	−3 226.67	−2 212.20	−537.47	−7 058.89	−367.05	−1 143.63
中间生产技术效应	2005—2007	431.06	257.34	816.57	71.41	440.66	2 878.18	252.98	417.85	1 429.61	−58.02
	2007—2010	−74.82	−89.76	−533.06	−21.71	22.62	192.74	153.40	−261.81	−598.75	129.28
	2010—2012	−469.11	−370.90	−1 152.99	−77.39	−652.67	−1 712.74	−335.05	−775.05	1 319.15	−512.01
投入规模效应	2005—2007	1 795.43	1 765.93	11 339.05	844.78	4 486.42	8 477.54	806.57	12 564.50	3 845.59	739.90
	2007—2010	1 855.22	1 627.04	13 281.24	736.14	6 852.92	8 701.41	881.03	11 643.55	2 918.69	1 070.65
	2010—2012	831.39	1 230.09	5 155.66	−214.28	5 067.26	5 538.48	515.60	7 895.38	2 050.68	751.55
投入结构效应	2005—2007	−971.03	11.82	−597.01	−72.54	2 177.04	−1 020.90	50.33	−689.53	−172.46	116.06
	2007—2010	−67.73	−6.86	641.33	72.92	−1 006.20	736.84	105.83	1 238.30	355.11	185.05
	2010—2012	−221.92	−231.13	−2 318.99	−269.63	−1 014.40	−1 933.21	−173.59	−2 664.78	−629.25	−480.52

从 2002—2012 年这一阶段的产业类型结构分解来看,各产业类型碳排放转出和碳排放转入的影响效应主要表现为以下 2 个特征:

① 重制造业部门和服务业部门是产业碳排放转出增加的主要部门,重制造业部门和能源工业部门是产业碳排放转入增加的主要部门。

表 3-6 中的数据显示,重制造业碳排放转出和转入影响效应合计分别为 21 755.87 百万吨和 22 608.84 百万吨,服务业碳排放转出影响效应合计为 10 712.96 百万吨,能源工业碳排放转入影响效应合计为 15 681.11 百万吨。重制造业碳排放转出和转入,以及服务业碳排放转出和能源工业碳排放转入的影响效应,均大于其他工业、轻制造业和服务业碳排放转入及能源工业碳排放转出的影响效应。因此,应重点优化重制造业、能源工业和服务业碳排放转移的减排效应。

② 中间生产技术效应和投入规模效应是重制造业碳排放转入和转出、能源工业碳排放转入和服务业碳排放转出增加的主要因素,碳排放强度效应对 5 类产业来说都发挥了积极的减排效应。

表 3-6 中的数据显示,重制造业碳排放转出和转入的碳排放强度效应分别为−16 807.90 百万吨和−15 854.85 百万吨。而重制造业碳排放转出的中间生产技术效应(4 385.40 百万吨)及碳排放转入的中间生产技术效应(2 554.34 百万吨),转出的投入规模效应(33 504.89 百万吨)及转入的投入规模效应(38 282.24 百万吨)均为正数。能源工业碳排放转入和服务业碳排放转出的碳排放强度效应分别为−24 176.50 百万吨和−10 338.57 百万吨,而能源工业碳排放转入和服务业碳排放转出的中间生产技术效应(分别为 10 491.93 百万吨和 2 755.78 百万吨)和投入规模效应(分别为 31 054.42 百万吨和 17 532.17 百万吨)也均为正数。但从绝对值来看,由于这 3 种产业类型的中间生产技术效应和投入规模效应之和大于碳排放强度效应,因此,中间生产技术效应和投入规模效应是重制造业碳排放转出和碳排放转入、能源工业碳排放转入和服务业碳排放转出增加的主要因素。

从各产业碳排放转出和碳排放转入影响效应的变动特征来看,表 3-7 中的数据显示,2005—2007 年、2007—2010 年及 2010—

2012 年各产业部门碳排放转出和碳排放转入碳排放强度效应的变动净额均为负数，其中以重制造业碳减排强度效应的变动最大，说明碳排放强度在各产业部门，特别是重制造业具有持续增强的减排效应。就中间生产技术效应和投入结构效应而言，在 2010—2012 年，除其他工业碳排放转入的变动净额为正值外，其他产业部门碳排放转出和碳排放转入中间生产技术效应的变动净额及 5 种产业类型的碳排放转入和转出投入结构效应的变动净额均为负数。因此，从 3 个时间段能明显地看出，这些产业部门对减排技术的吸纳能力有增强的态势，也就是说，中间生产技术效应和投入结构效应对这些产业部门碳排放转移的正向效应在减弱，需进一步保持并扩大这种减排态势。在考察期的 3 个时间段内，各产业部门投入规模效应的变动净额均以正数为主，特别是 2010—2012 年，仅有其他工业碳排放转出投入规模效应净额为负数，说明投入规模效应随着时间有进一步加速增强的态势，可见，要减少产业间碳排放转出和碳排放转入量、提升产业部门的投入产出效应，就需要进一步优化产业发展规模、调整产业间交互联系的结构关系。

(3) 产业部门碳排放转移结构分解

从具体产业部门结构分解来看，由图 3-5 和图 3-6 可得，PPCN，EHPS，CMWI 是能源产业碳排放转出和转入增加的主要产业，表现为综合效应为正数。由图 3-6 进一步可以看出，PPCN，EHPS，CMWI 这 3 个产业碳排放转出和转入碳排放强度效应和投入结构效应均为负数，而其他影响效应均为正数。可见，在减排政策上，应在保持并加强这 3 个产业碳排放强度效应的基础上，重点提升这 3 个产业中间减排技术的引入与吸纳能力，并适当优化其规模，尤其是要调控好这 3 个产业的碳排放转入。

在重制造业的 9 个产业中，MSRP，GSEM 和 EMEM 是碳排放转出变动的主要产业，MSRP，NMMP 和 CI 是碳排放转入变动的主要产业，且 MSRP，GSEM，EMEM，NMMP 和 CI 这 5 个产业碳排放转出和碳排放转入变动的综合效应均为正数。就具体影响效应而言，图 3-6 显示，碳排放强度效应和投入结构效应为负数，而中间生产技术效应和投入规模效应均为正数,为此,须重点从中间生产技术及投入规模 2 个角度优化上述 5 个产业的碳排放转移结构。

就轻制造业和服务业而言,PPSM,FMTP,CLII,CTI 及 WRT 这 5 个产业和 TI 产业分别是碳排放转出和碳排放转入变动的主要产业,其产业影响效应均为正数。由图 3-6 可得,投入规模效应是这些产业综合效应为正数的主要原因。CTI 产业是服务业碳排放转出增加的主要部门,需着重加强 CTI 产业的减排技术,提高能源使用效率,加大新能源的投入与使用。可见,控制轻制造业中 PPSM,TI,WPFM,CLII 及服务业中 CTI 和 WRT 的投入规模是促进这 2 类产业部门整体减排的根本原因。

对于其他工业而言,MMI 和 NMMI 是该工业碳排放转出和碳排放转入增加的主要产业。这也是由中间生产技术效应和投入规模效应引起的,为此,也需要进一步提升该工业部门的中间生产技术及其规模水平,提高该产业的能源利用效率。

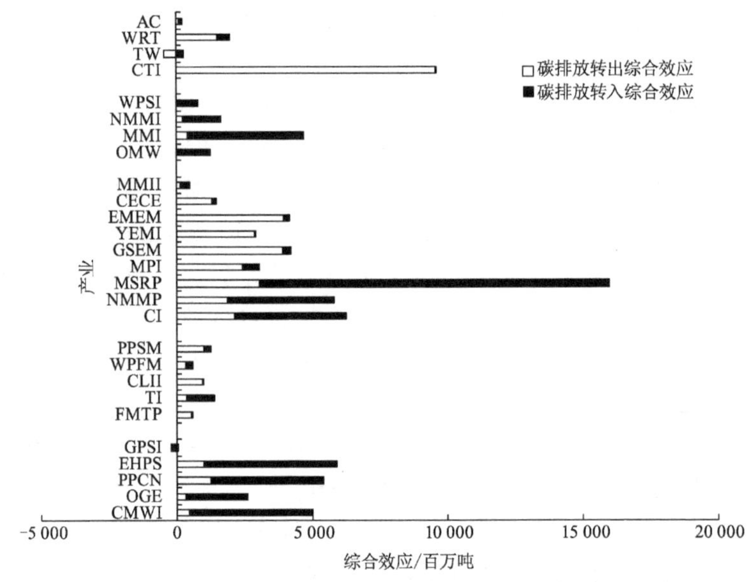

图 3-5　2002—2012 年各产业部门碳排放转出和转入综合效应

	碳排放强度效应				中间生产技术效应			
	轻制造业及服务业	其他工业	重制造业	能源工业	能源工业	重制造业	其他工业	轻制造业及服务业
碳排放转出	• CLII(−630.50) • PPSM(−729.33) • CTI(−7 813.73) • WRT(−1 752.63)	• MMI(−317.03) • NMMI(−206.41) • WPSI(−35.34) • OMW(−168.63)	• MSRP(−2 683.04) • GSEM(−2 926.16) • CI(−2 156.09) • EMEM(−2 558.03)	• PPCN(−1 319.16) • EHPS(−905.22) • CMWI(−397.69)	• PPCN(496.18) • EHPS(236.54) • CMWI(129.66) • OGE(88.11)	• MSRP(603.41) • GSEM(805.60) • EMEM(664.44) • TEMI(519.16)	• MMI(112.82) • NMMI(64.55) • WPSI(16.33) • OMW(48.37)	• TI(112.04) • PPSM(185.60) • CTI(13 688.85) • WRT(2 225.90)
碳排放转入	• TI(−389.07) • PPSM(−285.06) • TW(−1 207.75) • WRT(−15.83)	• MMI(−3 620.30) • NMMI(−956.09) • WPSI(−313.74) • OMW(−4 004.22)	• MSRP(−8 836.29) • NMMP(−3 891.12) • CI(−1 939.81) • MPI(−425.10)	• PPCN(−10 003.63) • EHPS(−2 484.02) • OGE(−5 992.64)	• PPCN(2 247.63) • EHPS(1 862.00) • CMWI(2 213.22) • OGE(3 457.24)	• MSRP(1 175.48) • NMMP(604.334) • CI(595.09) • MMII(193.25)	• MMI(2 441.47) • NMMI(1 045.12) • WPSI(−182.22) • OMW(2 917.49)	• TI(361.11) • PPSM(−98.31) • TW(1 914.29) • WRT(447.72)
碳排放转出	• CLII(1 362.80) • PPSM(1 273.77) • CTI(13 688.85) • WRT(22.26)	• MMI(677.61) • NMMI(312.57) • WPSI(54.43) • OMW(205.80)	• MSRP(5 099.40) • GSEM(5 922.50) • CI(3 674.22) • EMEM(5 492.13)	• PPCN(2 113.22) • EHPS(1 825.07) • CMWI(830.48)	• PPCN(−50.53) • EHPS(−148.98) • CMWI(−106.40)	• CI(110.40) • MPI(122.64) • EMEM(344.00) • GSEM(115.29)	• MMI(−43.32) • NMMI(56.86) • WPSI(−7.60) • OMW(−4.72)	• FMTP(−263.69) • PPSM(275.47) • TW(−1 360.45) • CTI(1 430.14)
碳排放转入	• TI(985.16) • PPSM(709.56) • TW(1 914.29) • WRT(447.72)	• MMI(5 733.00) • NMMI(1 374.86) • WPSI(1 371.19) • OMW(2 323.45)	• MSRP(21 874.48) • NMMP(7 423.07) • CI(5 887.24) • GSEM(648.73)	• PPCN(12 561.08) • EHPS(6 121.03) • CMWI(4 542.75)	• PPCN(−659.61) • EHPS(−614.88) • CMWI(−223.75)	• MSRP(−13.03) • NMMP(−2.26) • CI(−4.49) • GSEM(−1.10)	• MMI(−2.89) • NMMI(−0.62) • WPSI(−0.97) • OMW(−0.60)	• TI(104.35) • PPSM(−82.89) • TW(−103.43) • WRT(−20.61)
	投入规模效应/百万吨				投入结构效应/百万吨			

图 3-6　主要产业部门碳排放转出和转入影响效应

3.5 产业碳排放转移结构优化策略

产业间合理的碳排放转移结构既有助于促进产业碳减排目标的实现,也有助于促进产业经济的发展。为此,本部分将在上述产业碳排放转移特征及经济效应分析的基础上,讨论碳减排和经济发展双重目标约束下产业碳排放转移结构的优化策略。

中国政府在2009年哥本哈根会议上提出“到2020年单位国内生产总值二氧化碳排放量(碳强度)比2005年下降40%～45%”的减排目标。该目标的落实依赖于各产业碳减排目标的实现。若以碳强度降低45%作为每一个产业的共同目标,则2005—2020年平均每年的基准降幅为3.91%。如果实际降幅大于3.91%,说明在现有情境下,该产业可以完成2020年的减排目标;反之则说明无法完成目标。

由表3-4可得,在45%的减排目标下,预计到2020年,一共有14个产业能实现预期的减排目标,余下的13个产业则不能实现预期的减排目标。考虑到产业碳排放转入和碳排放转出对碳减排目标实现及产业经济发展的影响,本书拟遵循以下2条规则来优化产业碳排放转移结构。

规则一:如果完成碳减排目标的预判结果为“是”,则以推进产业经济发展作为产业碳排放转移结构优化的目标。

规则二:如果完成碳减排目标初始预判结果为“否”,则以产业碳减排目标的实现为首要目标,然后再考虑产业经济的发展。

依据上述2条规则,结合各产业2005—2012年碳强度的降低幅度和净碳排放转移对经济发展的影响,下面把所有产业划分为4种类型,并给出相应的优化产业间碳排放转移的策略(图3-7)。

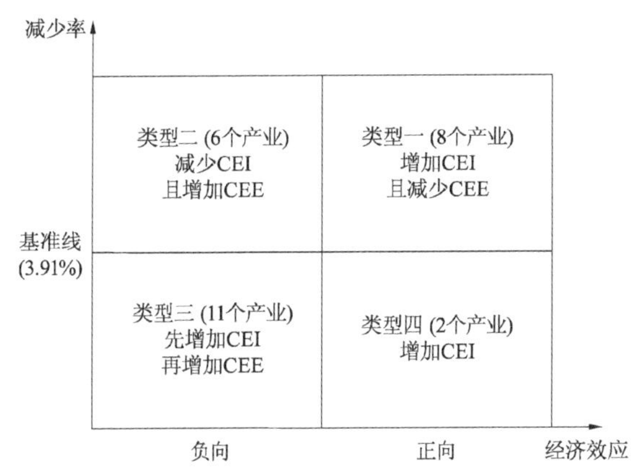

图 3-7　碳排放转移优化的策略

类型一，共 8 个产业（包括 CMWI，OGE，MMI，NMMI，PPCN，OMW，GPSI，WRT）。增加碳排放转入量，同时减少碳排放转出量。这些产业到 2020 年均能实现碳强度减少 45％的碳减排目标，净碳排放转移具有正向经济效应，且碳排放转入和碳排放转出都有上升趋势。因此，可按规则一来优化这 8 个产业的碳排放转移结构，可通过增加这些产业的碳排放转入量，减少这些产业的碳排放转出量，来促进这些产业的经济产出。

类型二，共 6 个产业（包括 FMTP，NMMP，TEMI，GSEM，CTI，TI）。这些产业到 2020 年均可以实现碳强度减少 45％的碳减排目标，净碳排放转移具有负向经济效应，碳排放转入和碳排放转出有上升趋势。依据规则一，需要把促进经济发展作为主要目标。为此，为了减少净碳排放转移对经济的负面影响，需要减少这些产业的碳排放转入量、增加碳排放转出量。

类型三，共 11 个产业（包括 CLII，WPFM，PPSM，CI，MSRP，MPI，EMEM，CECE，MMII，TW，WPSI）。这些产业到 2020 年均无法达到碳强度减少 45％的碳减排目标，净碳排放转移具有负向经济效应，碳排放转入和碳排放转出具有持续递增的态势。依据规则二，应以实现产业碳减排目标为优先目标，可先增加这些产业的碳排放转入量。当碳减排目标实现后，可再通过增加碳排放转出量来提升这些产业的经济产出。

类型四,共2个产业(包括EHPS和AC)。EHPS和AC到2020年均不能实现45%的碳减排目标,净碳排放转移具有正向经济效应,且其碳排放转入和碳排放转出增幅均为正。依据规则二,应增加碳排放转入量来实现2个产业的碳减排目标。当碳减排目标实现后,可进一步提高碳排放转入量来促进2个产业的经济发展。

3.6 本章小结

通过对产业间碳排放转移特征的研究发现,传统能源产业具有较大的碳排放转入量;加工制造型工业多表现为较高的碳排放转出量,具有负的净碳排放转移量;多数轻工业均表现为较低的碳排放转入量和碳排放转出量。产业间碳排放转移的动态变化特征是,在整体上产业碳排放转入和碳排放转出表现为逐年递增的态势,不同产业碳排放转入和碳排放转出的增幅具有一定的差异性。在目前的产业环境下,产业间碳排放转移的存在符合中国产业发展政策,对产业经济发展具有正向推动作用,且相对于产业碳排放转入,产业碳排放转出的经济效应更大,在整体上增加产业碳排放转出量更能够促进产业经济的发展。通过对产业碳排放转移因素分解发现,碳排放强度效应是产业碳排放转移减少的主要因素,并具有持续递增的减排效应;中间生产技术效应和投入规模效应则是产业碳排放转移增加的主要因素;投入结构效应虽然为正,但其对产业碳排放转移正向影响较小,投入规模效应则具有持续的抑制减排效应,而中间生产技术效应(先增加后减少)和投入结构效应(先减少后增加)呈现相反的波动变动特征。在对产业部门进行具体分析时发现,重制造业和能源工业是碳排放转移增加的重要部门,而服务业和轻制造业则是碳排放转移减少的主要部门,其中碳排放强度效应对这2类产业部门均具有减排效应,而中间生产技术效应和投入规模效应主要具有增排的效应。不同产业部门碳排放转移的影响效应差异较大,其变动趋势也不同。

第4章 考虑碳排放转移影响的区域协同减排分析

由于中国区域差异较大,不同地区资源禀赋、区域发展重要程度也不尽相同,尽管区域间存在不同层次的合作且不断深入,但区域间在环境保护方面仍然难以统一行动,且考虑到区域间碳排放转移现象的广泛存在,各区域碳减排责任及区域环境治理效果仍然难以准确界定。为此,针对中国各省际区域的特点,依据区域资源环境的承载力、自身禀赋和发展潜力,发挥区域优势、规避弱点,突出区域比较优势、加强薄弱环节的发展,逐步形成东中西地区良性互动、经济差距逐渐缩小的协调发展是目前各区域的共同诉求。针对当前日趋增加的区域碳减排压力,需要将区域协调发展的思想应用到区域碳减排活动中,尤其是在碳排放转移环境下需要将各个区域的碳减排工作视为一个整体,构建一个可持续和谐发展的区域协同减排体系。

本章将在前两章研究内容的基础上,根据本书的研究内容主要完成两方面的研究:一方面,在明确区域协同减排的内涵的基础上,提取区域协同减排系统的关键因素;另一方面,通过设置不同碳初始配额情境,构建区域协同减排系统动力学模型,分析不同碳初始配额方案下区域协同减排影响因素的相互作用,为后续提炼区域协同减排系统的演化机理及区域协同减排水平的测算做铺垫。

4.1 区域协同减排系统影响因素提取

本书的目的是促进区域协同减排系统的发展,实现区域减排目标。国外学者较早对区域碳减排影响因素问题进行研究,结论相对较多。在早期,学者们主要是针对一个国家工业部门的碳排放或碳强度展开研究。如:Ang 等(1997)指出中国 20 世纪 80 年代制造业碳强度下降是由子部门能源强度的变化引起的。随后,学者又针对诸如居民部门、交通等部门的排放做了相关的研究工作,如 Ang 等(1997)、Green 等(2004)和 Kwon 等(2005);许多学者还就区域碳排放总量变化的影响因素进行了研究,如 Lise (2006)、Hatzigeorgiou 等(2008)和 Zhou 等(2010)用 MCPI 指数在测世界 18 个国家碳排放效率的基础上,对影响 MCPI 的影响因素进行了研究。

近年来,我国一些学者也就此问题进行了一系列研究。从产业来看,主要有:Zhang(2009)主要对中国 1991—2006 年能源相关的二氧化碳排放进行分解,研究了二氧化碳强度、能源强度、产业结构和经济活动 4 个变量对二氧化碳排放的影响;陈诗一等(2009)研究了中国工业与碳排放的可持续发展及最佳的节能减排路径,显示碳排放对中国工业增长的影响较低甚至为负,技术进步可以促进中国工业增长,但节能减排的早期阶段对技术进步有负面影响。史丹(2006)、魏楚等(2007)对能源效率影响因素的回归分析,显示产业结构是影响能源消费的重要因素,且影响作用逐渐增加。而蒋金荷等(2011)、宋杰鲲等(2012)则运用 LMDI 指数分析方法从国家和区域层面研究了碳排放的影响因素,结果表明碳排放增加的最大原因就是经济发展。张兵兵等(2014)分全国整体、分区域、分阶段分析了技术进步对二氧化碳排放强度的影响,结果显示技术进步是降低二氧化碳排放强度的有效手段,且影响程度有着明显的区域差异。王雅楠等(2016)分析了工业结构和能源强度对二氧化碳排放的影响,总结不同省份各影响因素的空间差异特征,结果表明工业结构对二氧化碳排放的影响最大,呈逐年下降的趋势。能源强度对二氧化碳排放在整体上有积极影响。王锋等(2017)以江苏省为例,运用 CEG 模型分析碳税对碳减排的影响,结果表明征收碳税对二氧化碳排放有明显的抑制作用,且随着碳税增加,碳排放强度会逐渐降低。李斌等(2017)使用空间杜宾模型从国家和区域层面对我国产业结构升级的碳减排效应进行了实证分析,结果表明,产业结构升级可以减少碳排放,但由于我国工业结构落后,其碳减排效应还有待提高。孙建等(2018)通过构建区域宏观计量经济模型对中国区域技术创新的二氧化碳减排效应进行了分析,发现区域研发投入的增加能有效控制二氧化碳排放量和增加二氧化碳强度,并促进经济增长。

上述研究表明,经济发展和产业结构是影响碳排放的主要因素,科技进步及区域减排研发投入都会不同程度地抑制二氧化碳排放。结合上述区域协同减排关键因素分析,选取全社会固定资产投资、GDP、各产业增加值、碳排放量及减排投入额等因素来构建区域协同减排系统动力学模型分析各因素之间的关系。

4.2 区域协同减排系统动力学模型构建

4.2.1 基本假设

在系统建模之前,首先要根据所研究对象和研究目的对系统进行分析,以清晰地确定系统边界,只有这样才能更加清晰深入地分析系统的内部结构。确定系统边界可以排除掉一些与研究目的无关的因素,防止所建立的模型过于复杂,难以分析。所建立的模型应该包含系统内的关键主体,还有能反映主体间相互作用关系的反馈回路。本书所建模型针对的是引入碳排放初始配额的区域协同减排系统,为了充分展现碳排放初始配额分配与区域协同减排系统的内部结构之间的反馈信息,同时兼顾到模型构建的真实性和复杂性,将区域协同减排系统的边界设置为全国30个区域,时间边界为2008—2017年,时间步长设定为1年。

基于以上分析,本书的模型基本假设如下:

① 区域协同减排是一个连续的过程。模型内变量会受到其他外在因素的影响,随着时间的推移发生连续的变化,并表现为一个持续性的过程。

② 本模型假设区域严格按照国家规定的碳排放初始配额分配量进行生产活动,即区域碳排放量等于国家分配的区域碳排放初始配额量。

③ 本模型仅考虑变量之间的相互作用,而不考虑系统外部环境的影响,不考虑其他社会因素和自然环境的突发性改变所带来的影响,未考虑其他政策等不确定因素带来的影响。

④ 对于模型内变量的影响,只考虑影响较大且较为显著的变量,未考虑相关但影响较小的变量。

4.2.2 模型变量及参数

基于上述假设及因素,要构建区域协同减排系统动力学模型,通过对系统中的变量类型进行分类,确定模型中需要包含 4 个状态变量、4 个速率变量、5 个水平变量和 1 个碳排放量变量(具体见表 4-1)。模型中需要的相关数据均来源于官方数据平台,包括国家统计局、各省份统计局及相关参考文献。其中,碳排放初始配额是通过设置不同基准线计算得到的(具体计算公式见 4.3 节),其中所需的能源消耗数据来源于国家统计局,碳排放系数来源于政府间气候变化专门委员会(IPCC 2006 年公报中相关碳排放系数);GDP、三次产业增加值、全社会固定资产投资额、三次产业投资额、减排投入额等数据均来源于各区域统计局。

表 4-1 主要变量及计算公式

编号	变量	缩写	计算表达式
(1)	全社会固定资产投资总额	TIFA	$TIFA_i = INTEG(TZZL_i)$
(2)	投资增加量	TZZL	$TZZL_i = f(GDP, JPTZ_i)$
(3)	GDP	GDP	$GDP_i = YCVA_i + ECVA_i + SCYA_i$
(4)	一产增加值	YCVA	$YCVA_i = INTEG(YCVAZL_i)$
(5)	二产增加值	ECVA	$ECVA_i = INTEG(ECVAZL_i)$
(6)	三产增加值	SCVA	$SCVA_i = INTEG(SCVAZL_i)$
(7)	一产增加值增量	YCVAZL	$YCVAZL_i = f(YCTZ_i)$

续表

编号	变量	缩写	计算表达式
(8)	二产增加值增量	ECVAZL	$ECVAZL_i = f(ECTZ_i)$
(9)	三产增加值增量	SCVAZL	$SCVAZL_i = f(SCTZ_i)$
(10)	一产投资额	YCTZ	$YCTZ_i = f(TIFA_i)$
(11)	二产投资额	ECTZ	$ECTZ_i = f(TIFA_i)$
(12)	三产投资额	SCTZ	$SCTZ_i = f(TIFA_i)$
(13)	减排投入额	JPTZ	$JPTZ_i = f(CE_i)$
(14)	碳排放量	CE	

4.2.3 模型构建

区域协同减排系统是一个动态复杂的多变量系统，强调系统整体功能大于部分功能的总和，也就是说，每个子系统都不是孤立的，都有其特殊的位置和价值，对子系统的划分有助于清晰了解每个系统所处的位置，对整体系统运作有更加精准的把控。子系统图显示了模型之间的能量流、信息流等的传递，清楚地表达了系统边界和内部的一些变量信息。

基于上述假设及变量与参数，本书从系统角度出发，分析社会、经济、环境与碳排放初始配额分配之间的关系。区域协同减排系统可分为经济子系统、环境子系统、能源子系统。从各子系统入手，系统涉及 GDP、产业结构、减排等多种因素。区域协同减排系统的结构框架如图 4-1 所示。

区域协同减排系统通过 3 个子系统之间的协调运作，实现了经济发展与环境保护的高质量协同发展，然而，本书假设区域生产和生活所产生的碳排放量严格等于国家分配的碳排放初始配额，这一假设对能源子系统与环境子系统进行了严格有效的把控，对本书的模型进行极大简化，最后的系统因果回路图如图 4-2 所示。

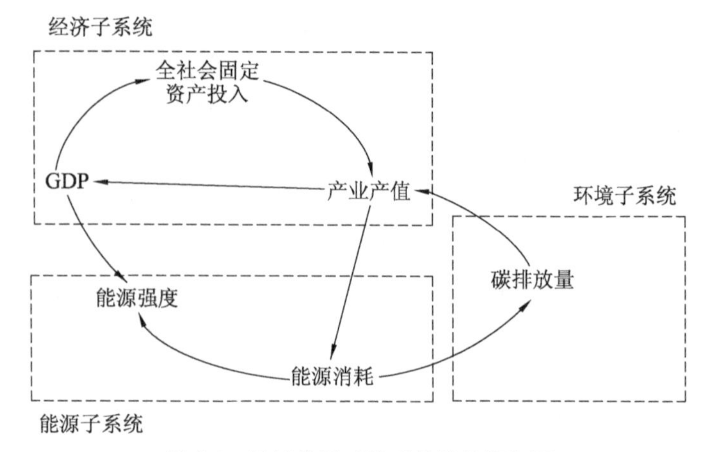

图 4-1　区域协同减排系统结构框架图

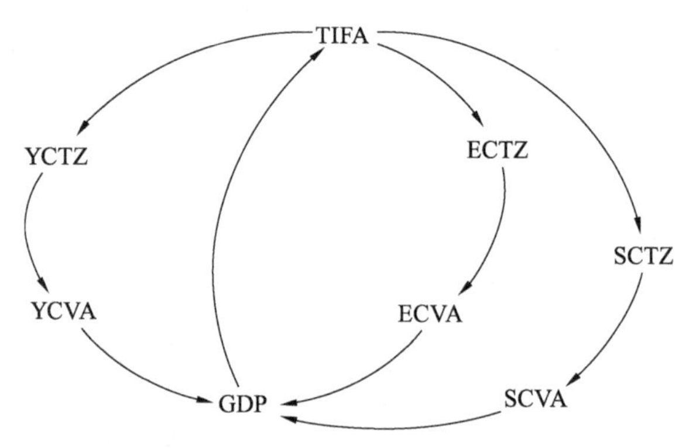

图 4-2　区域协同减排系统因果回路图

在保证经济发展的情况下实现碳减排是区域协同发展的最高目标,因此经济子系统成为区域协同减排系统发展的核心子系统,经济发展受到各种资源配置和政策方向的影响。其中 GDP 衡量区域经济发展水平,产业增加值表示区域产业结构情况,减排投入额代表区域为环境治理所投入的成本。在区域协同减排动力学模型中,一方面,碳排放初始配额分配直接影响区域碳排放量,环保力度增加,政府也会加大对环境污染治理的投入,最终将影响地区的经济发展;另一方面,经济发展对全社会固定资产投资产生积极影响，反过来全社会固定资产投资的增加也会推动经济的增长，各变量缩写见表 4-1。

基于碳排放初始配额与区域协同减排系统的关系，运用系统动力学 VENSIM PLE 软件构建区域协同减排系统动力学模型存量流量图，如图 4-3 所示。

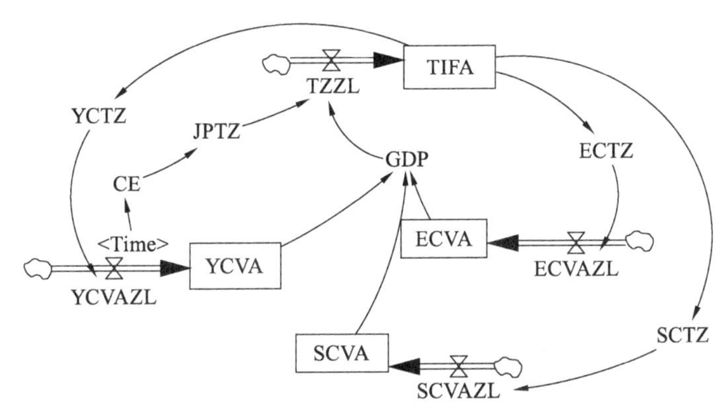

图 4-3　区域协同减排系统动力学模型存量流量图

4.3　不同情境下区域碳排放初始配额

区域协同减排系统与碳排放初始配额分配之间的模拟与仿真是为了预测碳排放初始配额分配情况下区域协同系统中重要变量的变化趋势，同时通过对碳配额基准线标准的调整，模拟不同碳配额下区域协同减排系统的各参数值。因此本书设置了 4 种对比情境，分别是基础情境 BASE 和 3 种碳排放初始配额分配情境 Q1～Q3。

4.3.1　基础情境

基础情境 BASE 是经济按照以往模式发展，未受到能源政策和初始碳配额政策的影响，基础情境的结果就是在无政策干预下经济与碳排放按照以往趋势发展，是一个参照情境，用来对比碳排放初始配额分配政策在减排方面的调控效果。

4.3.2　碳排放初始配额分配情境

众多学者对碳排放初始配额分配的国际经验及其对国内碳交

易市场进行碳配额分配的借鉴意义进行研究，从中可以看出，目前国内碳交易已经取得了一定的成效，但同时也在制定和实施碳配额方面面临一系列难题。根据国外碳交易市场的实践经验来看，欧盟温室气体排放交易市场提出的免费发放的祖父法、美国区域温室气体减排提出的拍卖法、澳大利亚碳交易市场提出的按固定价格购买法和新西兰碳交易市场提出的混合法都具有不同的特点，没有适用于任何地区任何阶段的最佳碳配额测算方法。国内碳交易市场应该结合中国国情，根据实际情况和政策选择可接受、公平、效率高的配额分配方法，制订出符合国内需求的碳配额分配方案。政府在制订碳配额分配方案的过程中，不应只关注配额分配的结果，应同时注重分配方案的后续实施，努力做到“政府主导、方法科学、多方参与、过程公开、结果公正”，确保最大限度地实施碳配额计划，为推进国内碳交易市场建设打下坚实基础。

在碳排放初始分配上，国外普遍使用基线法，我国则多采用历史法和基准线法混合模式。目前，我国碳交易市场尚处于起步阶段，碳排放初始配额分配仍存在一些问题。一方面，碳配额总量分配过多，对区域经济运行情况、行业发展情况乐观估计，导致碳交易市场上碳配额出现过剩情况，不利于激发各个区域的减排潜力。另一方面，目前的分配方法实施效果不佳，历史法的分配弊端明显，易造成“鞭打快牛”的现象，高排放区域获得更多的初始碳配额，打击区域的减排积极性，不符合公平原则。基准线法的实施主要集中于电力及其他几个行业，暂时没有大规模普及使用。因此，亟须建立起更完善的碳排放初始配额分配机理。基准线法是以经济活动的排放强度为标准采取的一种分配方法，是未来碳排放分配机理的发展方向。基准线法实施的基本做法是根据“最佳实践”的原则，按照从小到大的顺序，将不同企业（设施）中同种产品的单位产品碳排放量进行排列，然后根据排序选择第 10%位产品碳排放量作为分配基准线（或行业平均值）。因此企业（设施）可获得的配额就等于其产品产量乘以基准线值，由此可以看出企业的减排绩效越好，通过配额分配可以获得的收益就会越大（齐绍洲 等，

2013)。

本书参照基准线分配法的思想，以区域碳强度作为基准值来进行区域碳排放初始配额分配，将各区域的碳强度由小到大进行排序，分别测算前 10%情境、前 20%情境、前 30%情境(Q1，Q2，Q3)基准线下碳初始配额分配情况。若以规划最后一年为基准年，可能会高估减排潜力，因此选择“滚动窗口”方式，取近 3 年均值作为基准线对年碳配额进行分配，计算公式如下：

$$Q_{i,t,r}=E_{t,r}G_{i,t,r} \tag{4-1}$$

式中，i，t，r 分别表示地区、时期和情境；$Q_{i,t,r}$ 表示 r 情境下 i 地区 t 时期的碳排放配额；$G_{i,t,r}$ 表示 r 情境下 i 地区 t 时期的 GDP 总量；$E_{t,r}$ 表示 r 情境下 t 时期的基准线。

3 种情境下区域所获碳排放初始配额见表 4-2～表 4-4。可以看出，在 Q1 情境下，碳排放初始配额分配相对比较严格，30 个区域所获得配额量最少，在相对宽松的 Q3 情境下区域所获得配额量相对较多，但整体的变化趋势是一致的。各地区所获配额都是呈上升趋势的，且碳配额与经济发展有密切联系。如江苏、广东等经济体量比较大的地区，会获得更多的碳配额。贵州、青海、宁夏等经济欠发达地区的配额分配相对较少。需要注意的是，在制订碳配额方案时，为了避免造成“鞭打快牛”的现象，一些经济体量大、能源产业集中的地区应该承担更多的减排责任，而经济欠发达地区则可以承担较少的碳减排压力；但不代表经济发达就必须大力削减碳配额，应该依据区域经济发展条件客观地分配碳配额。经济发展迅速的区域配额分配量也会表现出差异性，这主要是由区域能源消费结构与产业发展模式不同造成的。

表 4-2　Q1 情境下 30 个区域碳排放初始配额分配结果

地区	2008 年	2009 年	2010 年	2011 年	2012 年	2013 年	2014 年	2015 年	2016 年	2017 年
北京	22 317	21 688	22 801	23 431	23 769	25 003	25 415	26 121	26 796	27 741
上海	27 968	26 694	27 525	27 527	26 624	27 374	27 867	28 281	29 416	29 856
贵州	6 977	6 833	7 266	8 068	8 910	10 116	10 770	11 624	12 294	13 416
天津	13 344	13 320	14 775	16 178	16 983	18 067	18 534	18 570	18 671	18 424
海南	2 945	2 889	3 260	3 555	3 699	3 908	4 054	4 084	4 222	4 421
广东	72 088	68 969	72 687	75 033	74 026	76 836	78 536	80 301	83 003	89 049
浙江	42 047	40 163	43 811	45 606	44 999	46 436	46 528	47 297	49 326	51 290
江苏	60 696	60 175	65 407	69 205	70 024	73 489	75 384	77 328	79 427	85 108
宁夏	2 359	2 363	2 679	2 976	3 048	3 186	3 205	3 229	3 308	3 422
云南	11 151	10 775	11 406	12 532	13 354	14 552	14 842	15 020	15 523	16 379
甘肃	6 204	6 074	6 530	7 049	7 351	7 786	7 918	7 489	7 516	7 606
山东	60 601	59 196	61 846	63 923	64 785	67 926	68 827	69 482	69 950	72 007
湖南	22 637	22 807	25 322	27 718	28 697	30 282	31 314	32 035	32 616	34 271
福建	21 203	21 370	23 269	24 745	25 521	26 896	27 861	28 652	29 771	32 000
重庆	11 350	11 404	12 464	14 108	14 779	15 566	16 519	17 334	18 330	19 320
辽宁	27 012	26 820	29 420	31 641	32 496	38 753	33 484	31 875	23 224	23 721
黑龙江	16 393	15 112	16 487	17 841	17 848	17 890	17 526	16 735	16 062	16 050
湖北	22 194	22 635	25 211	27 665	28 822	30 491	31 710	32 589	33 716	36 186
山西	14 550	12 847	14 508	15 803	15 708	15 577	14 780	14 080	13 535	14 835

续表

地区	2008 年	2009 年	2010 年	2011 年	2012 年	2013 年	2014 年	2015 年	2016 年	2017 年
河北	31 596	30 334	32 445	34 831	34 724	35 302	34 403	33 209	33 575	35 632
新疆	8 235	7 463	8 556	9 265	9 754	10 466	10 730	10 284	10 039	10 819
吉林	12 589	12 711	13 685	14 893	15 464	16 045	15 987	15 510	15 426	15 148
广西	13 790	13 595	15 164	16 579	16 956	17 848	18 233	18 605	19 122	20 208
陕西	14 330	14 268	15 984	17 632	18 723	19 931	20 488	19 875	20 251	21 697
江西	13 731	13 448	15 003	16 581	16 870	17 829	18 314	18 566	19 311	20 626
内蒙古	16 645	17 010	18 429	20 236	20 571	20 805	20 581	19 666	19 451	15 954
四川	24 687	24 713	27 134	29 630	30 924	32 459	33 051	33 144	34 380	36 639
青海	1 996	1 888	2 132	2 354	2 453	2 610	2 668	2 666	2 685	2 618
安徽	17 341	17 573	19 514	21 561	22 296	23 650	24 147	24 269	25 177	27 265
河南	35 454	34 212	36 667	38 187	38 598	39 877	40 767	41 112	42 249	44 573

表 4-3　Q2 情境下 30 个区域碳排放初始配额分配结果

地区	2008 年	2009 年	2010 年	2011 年	2012 年	2013 年	2014 年	2015 年	2016 年	2017 年
北京	26 691	26 705	28 908	31 054	31 410	32 081	32 551	32 974	33 676	35 062
上海	33 448	32 869	34 897	36 481	35 181	35 123	35 691	35 699	36 968	37 734
贵州	8 345	8 414	9 212	10 693	11 774	12 980	13 795	14 673	15 450	16 956
天津	15 959	16 402	18 731	21 441	22 442	23 181	23 738	23 441	23 464	23 285
海南	3 522	3 557	4 133	4 711	4 888	5 014	5 193	5 155	5 306	5 588
广东	86 213	84 922	92 152	99 442	97 819	98 585	100 587	101 365	104 313	112 548
浙江	50 286	49 454	55 543	60 442	59 462	59 580	59 592	59 704	61 990	64 825
江苏	72 590	74 095	82 923	91 718	92 530	94 291	96 550	97 611	99 819	107 566
宁夏	2 821	2 910	3 396	3 944	4 027	4 088	4 104	4 076	4 157	4 325
云南	13 336	13 267	14 461	16 609	17 647	18 671	19 009	18 960	19 508	20 701
甘肃	7 420	7 479	8 279	9 342	9 714	9 990	10 142	9 453	9 446	9 613
山东	72 476	72 889	78 407	84 718	85 607	87 153	88 152	87 708	87 909	91 009
湖南	27 073	28 083	32 104	36 735	37 921	38 853	40 106	40 438	40 990	43 315
福建	25 358	26 313	29 500	32 795	33 723	34 508	35 684	36 167	37 415	40 444
重庆	13 574	14 042	15 802	18 697	19 530	19 972	21 157	21 881	23 036	24 418
辽宁	32 304	33 023	37 299	41 935	42 940	43 396	42 885	40 236	29 186	29 980
黑龙江	19 605	18 608	20 902	23 645	23 585	22 954	22 447	21 125	20 185	20 286
湖北	26 543	27 871	31 963	36 665	38 086	39 121	40 614	41 138	42 372	45 735
山西	17 401	15 818	18 394	20 944	20 757	19 986	18 930	17 773	17 011	18 750

续表

地区	2008 年	2009 年	2010 年	2011 年	2012 年	2013 年	2014 年	2015 年	2016 年	2017 年
河北	37 787	37 350	41 134	46 162	45 885	45 294	44 062	41 920	42 195	45 035
新疆	9 848	9 190	10 847	12 279	12 890	13 429	13 742	12 981	12 617	13 674
吉林	15 056	15 652	17 350	19 738	20 434	20 587	20 475	19 578	19 386	19 145
广西	16 492	16 740	19 225	21 972	22 406	22 899	23 352	23 485	24 031	25 540
陕西	17 138	17 568	20 264	23 368	24 740	25 572	26 241	25 089	25 451	27 422
江西	16 421	16 558	19 021	21 975	22 293	22 876	23 456	23 436	24 269	26 069
内蒙古	19 906	20 945	23 364	26 818	27 182	26 694	26 360	24 824	24 444	20 165
四川	29 524	30 430	34 401	39 269	40 863	41 647	42 331	41 838	43 207	46 307
青海	2 387	2 325	2 703	3 120	3 241	3 349	3 417	3 365	3 375	3 309
安徽	20 739	21 638	24 740	28 575	29 462	30 344	30 927	30 635	31 641	34 459
河南	42 401	42 126	46 486	50 609	51 003	51 164	52 213	51 896	53 096	56 335

表 4-4　Q3 情境下 30 个区域碳排放初始配额分配结果

地区	2008 年	2009 年	2010 年	2011 年	2012 年	2013 年	2014 年	2015 年	2016 年	2017 年
北京	30 214	29 806	31 893	33 559	33 879	34 253	35 037	35 754	37 591	39 434
上海	37 863	36 686	38 499	39 424	37 947	37 500	38 417	38 710	41 266	42 438
贵州	9 446	9 391	10 163	11 555	12 700	13 858	14 848	15 910	17 246	19 070
天津	18 066	18 307	20 665	23 170	24 206	24 750	25 551	25 417	26 192	26 188
海南	3 986	3 970	4 559	5 091	5 272	5 354	5 589	5 590	5 923	6 285
广东	97 593	94 785	101 666	107 463	105 508	105 259	108 270	109 913	116 440	126 579
浙江	56 924	55 197	61 278	65 316	64 136	63 613	64 143	64 739	69 196	72 906
江苏	82 171	82 700	91 484	99 115	99 804	100 674	103 924	105 843	111 423	120 976
宁夏	3 193	3 248	3 747	4 262	4 344	4 364	4 418	4 420	4 640	4 864
云南	15 097	14 808	15 954	17 948	19 034	19 935	20 461	20 559	21 776	23 281
甘肃	8 399	8 348	9 134	10 096	10 478	10 666	10 916	10 250	10 544	10 812
山东	82 042	81 354	86 503	91 550	92 336	93 053	94 884	95 104	98 129	102 354
湖南	30 647	31 344	35 418	39 698	40 902	41 483	43 169	43 848	45 756	48 715
福建	28 705	29 369	32 545	35 440	36 374	36 845	38 409	39 217	41 764	45 486
重庆	15 366	15 672	17 434	20 205	21 065	21 324	22 773	23 726	25 714	27 463
辽宁	36 568	36 859	41 149	45 317	46 316	46 333	46 161	43 630	32 579	33 718
黑龙江	22 193	20 769	23 060	25 552	25 439	24 508	24 161	22 906	22 532	22 815
湖北	30 047	31 108	35 263	39 622	41 079	41 770	43 715	44 607	47 298	51 436
山西	19 698	17 656	20 293	22 633	22 388	21 339	20 376	19 271	18 988	21 087

续表

地区	2008 年	2009 年	2010 年	2011 年	2012 年	2013 年	2014 年	2015 年	2016 年	2017 年
河北	42 775	41 688	45 380	49 885	49 491	48 360	47 427	45 456	47 101	50 649
新疆	11 148	10 257	11 967	13 269	13 903	14 338	14 792	14 076	14 084	15 379
吉林	17 043	17 470	19 141	21 330	22 040	21 981	22 039	21 229	21 640	21 532
广西	18 669	18 684	21 209	23 744	24 167	24 450	25 136	25 466	26 825	28 724
陕西	19 400	19 608	22 357	25 253	26 685	27 303	28 245	27 205	28 409	30 841
江西	18 589	18 481	20 985	23 747	24 045	24 425	25 247	25 413	27 091	29 319
内蒙古	22 534	23 377	25 776	28 981	29 319	28 501	28 373	26 917	27 286	22 678
四川	33 421	33 964	37 952	42 437	44 075	44 466	45 563	45 366	48 230	52 080
青海	2 702	2 595	2 982	3 371	3 496	3 575	3 678	3 649	3 767	3 722
安徽	23 477	24 151	27 294	30 880	31 777	32 398	33 288	33 218	35 319	38 755
河南	47 998	47 018	51 285	54 691	55 012	54 628	56 200	56 273	59 268	63 358

本章通过对区域协同减排系统进行分析,明确了系统建模目的和系统边界,然后绘制了系统存量流量图,根据系统动力学原理构建了区域协同减排系统动力学的基础模型,然后测算不同基准线下区域的碳排放初始配额,将碳排放初始配额引入区域协同减排系统动力学模型,分析碳排放初始配额影响下区域协同减排系统关键因素之间的层次关系、相互作用,为之后进一步提炼区域协同减排演化机理及后续区域协同减排水平测算打下基础。分配结果显示在 Q1 情境下,碳排放初始配额分配相对比较严格,30 个区域所获得配额量最少,在相对宽松的 Q3 情境下区域所获得配额量相对较多,但整体的变化趋势是一致的。各地区所获配额都是呈上升趋势的,且碳配额与经济发展有密切联系。

4.4 不同情境下区域协同减排演化机理分析

分析区域协同减排演化机理不仅可以了解各状态变量对系统演化的影响,了解区域演化的内在机理,还能为进一步提高区域协同减排水平打下基础。4.3 节分析了碳排放初始配额影响下区域协同减排系统内关键因素的交互作用,本节在此基础上揭示 4 种碳排放初始配额方案下 2008—2017 年区域协同减排系统演化机理。本节首先分析区域协同减排系统演化的自组织特征;其次,通过构建哈肯模型,从关键因素中识别区域协同减排系统演化的序参量,分析系统在不同情境下的势函数,以期为提高区域协同减排水平、实现减排目标提供理论支持;最后,提炼不同情境下区域协同减排演化机理。

4.4.1 区域协同减排系统演化的自组织特征

从自组织理论的角度来看,区域协同减排系统是一个具有自组织特征的动态开放系统(魏芳,2006)。区域协同减排系统就是区域间通过经济、人员等要素流动,协同作用实现减排的过程。因此,自组织理论可以揭示系统从无序到有序的演化过程。

(1) 区域协同减排的开放性

系统可以划分为孤立系统、封闭系统和开放系统 3 类。系统与环境间是否存在紧密联系是开放系统与其他 2 类系统的主要区别,开放系统存在与环境间的物质和能量交换。

区域协同减排系统中所有区域都需要与外界环境进行物质、能量、信息等要素流动,如减排需要政策资金的支持,减排的同时也要保持区域经济及其他各方面发展,与外部环境之间产生紧密的物质、能量和信息等要素交流。与外界联系越紧密,开放性越强。

(2) 区域协同减排的非平衡性

根据系统内部是否存在差异和差异程度的大小,可以按系统的状态将系统分为平衡系统、近平衡系统和远离平衡系统(王仕卿,2004)。平衡系统即内部无差别的系统,不可能演化为有序的状态;近平衡系统是内部存在微小差异的系统;只有远离平衡系统是内部存在明显差异,可以逐步演化为有序状态,并且可以用非线性关系来进行描述的系统(刘莹,2014)。

整个区域协同减排系统包含不同层次的子系统,即每个区域可以视为一个子系统。各个区域之间既相互作用又相互独立,保持连续的动态演化。某个区域在达到平衡状态的时候容易被其他运动着的外部环境所影响,演化至下一个更高或者更落后的阶段,整个系统一直保持动态变化的状态(熊斌 等,2013)。

(3) 区域协同减排的非线性作用

根据自组织理论,系统有序演化的根本机理是系统中各要素或子系统间存在非线性作用。各区域虽然属于同一区域协同减排系统,但同时又是包含不同层次子系统的独立系统,区域之间、不同区域内各要素之间的流动和相互作用是复杂多样的,所以只能用非线性关系来描述。这就区分出系统演化的快变量和慢变量,慢变量成为新系统的序参量推动系统发展。分析和探索不同变量之间的相互作用导致系统进入一个新的状态,即为揭示区域协同减排系统的演化机理的过程。

(4) 区域协同减排的“涨落”

自组织理论认为系统通过“涨落”达到有序,“涨落”决定了原始状态向新的稳定状态转变,在近平衡态下,“涨落”作用的存在破坏了系统的稳定,某一状态变量推动系统越过线性失稳点,在远离平衡的状态下,“涨落”使得系统出现新的有序状态。

区域协同减排系统受内外部因素的影响,必然存在“涨落”,如经济发展水平高低、产业结构变化、减排力度调整等,这些行为都会通过非线性作用将其放大为“涨落”,从而促使区域协同减排系统向下一阶段演化。

4.4.2 区域协同减排系统演化模型构建

(1) 区域协同减排哈肯模型构建

哈肯模型作为研究系统演化的重要模型,强调了系统中子系统之间的竞争与协同关系对整个系统的影响,促进系统从无序向有序的自组织演化。因此,哈肯模型可以用来描述在外部环境影响下区域协同减排系统内部子系统之间相互作用而催生的系统演化过程。

朱永达等(2001)基于自组织理论的哈肯模型建立郑州市产业系统演化方程,定量证明了劳动生产率是产业系统演化的序参量。武春友等(2009)基于哈肯模型构建了城市再生资源系统的演化方程,探究促进城市再生资源系统演变的有效途径。张子龙等(2015)基于哈肯模型构建 3E 系统演化方程,以中国 30 个地区进行实证分析,分析了中国能源—经济—环境系统的演化机制,结果表明在演化过程中,提高能源效率与降低污染物排放强度之间还未形成协同效应,我国节能减排尚未形成相互促进的良好互动机制。胡渊等(2015)采用哈肯模型建立能源碳排放与 GDP 的演化模型,并分析序参量和控制参数,结果表明能源碳排放是序参量,主导着 GDP 的发展和系统的演化。以上研究都基于自组织理论运用如式(4-2)、式(4-3)的哈肯模型来描述系统动态演化过程。

在协同学理论中,序参量决定系统的演变方向,整个系统在其影响下从无序演化为有序、低级转变为高级。由于哈肯模型可以使用方程来描述在某些外部条件下由系统内部不同变量间相互作用而发生的结构演化过程，因此，运用哈肯模型可以找到线性失稳点并区分快变量和慢变量，通过消去快变量来识别系统的序参量（郭莉 等，2005）。假设 q_1，q_2 表示子系统的状态变量，q_1 是系统中的内在驱动力即慢变量，q_2 为快变量，q_2 被 q_1 所控制，运动方程可表示为

$$\dot{q}_1=-\lambda_1 q_1-a q_1 q_2 \tag{4-2}$$

$$\dot{q}_2=-\lambda_2 q_2+b q_1^2 \tag{4-3}$$

式中，$\dot{q}_1$，$\dot{q}_2$，q_1，q_2 为状态变量；λ_1，λ_2，a，b 是控制参数。若满足绝热近似条件，即 $\lambda_2 \gg \lambda_1$ 且 $\lambda_2>0$，则表明状态变量 q_2 是迅速衰减的快变量，此时令 $\dot{q}_2=0$，求得：

$$q_2=\frac{b}{\lambda_2} q_1^2 \tag{4-4}$$

将式(4-4)代入式(4-2)得到系统的演化方程：

$$\dot{q}_1=-\lambda_1 q_1-\frac{ab}{\lambda_2} q_1^3 \tag{4-5}$$

对 $\dot{q}_1$ 的相反数积分可求得系统的势函数：

$$V=\frac{1}{2}\lambda_1 q_1^2+\frac{ab}{4\lambda_2} q_1^4 \tag{4-6}$$

此势函数存在2种情况：当 $\lambda_1>0$ 时，式(4-6)有唯一稳定解，$q_1=0$，此时系统内部处于稳态，变量间不会发生相互作用，也不会出现新的结构；当 $\lambda_1<0$ 时，式(4-6)有3个解，$q_1^{(1)}=0$；$q_1^{(2)}=\sqrt{\left|\frac{\lambda_1\lambda_2}{ab}\right|}$；$q_1^{(3)}=-\sqrt{\left|\frac{\lambda_1\lambda_2}{ab}\right|}$。前1个解是不稳定的，后2个解是稳定的，此时系统变量间存在相互作用，可通过突变进入新的稳定状态。为了便于应用，将哈肯模型离散化为

$$q_1(t)=(1-\lambda_1)q_1(t-1)-a q_1(t-1) q_2(t-1) \tag{4-7}$$

$$q_2(t)=(1-\lambda_2)q_2(t-1)+b q_1^2(t-1) \tag{4-8}$$

（2）区域协同减排演化的状态变量及指标选择

整个区域协同减排系统由多级子系统构成，每个区域通过区域间的协同作用影响整个协同减排系统的协同水平，区域内的演

化及区域间的协同演化都会影响整个大系统的演化。

① 区域协同减排比较优势

协同减排比较优势指区域本身具备的资源优势与地理环境优势,通过人力资本、污染治理投入等反映。各区域在地理空间分布、资源格局、产业结构及经济发展水平等方面均有着较大的差异,直接形成区域比较优势。协同减排比较优势是区域协同减排系统演化的关键因素之一,也是系统演化的基础,往往在系统演化的初级阶段起重要作用。

在系统发展水平较低的初始阶段,区域协同减排主要依靠减产来降低能耗,此时区域协同减排比较优势的表现为区域自身资源禀赋,科技进步、信息技术等其他区域核心竞争要素的作用并不显著,因此初始阶段的区域协同减排比较优势主要指以自然资源为表征的低级协同减排比较优势,各区域更深层次的资源禀赋尚未挖掘,相应的区域协同减排水平也较低,仍然有很大的改善空间。但是,随着区域经济的发展,区域间的比较优势逐渐加强,此时在整体协同减排的大环境中,通过与其他子系统之间的协作优化其内部结构。信息技术、科技进步等先进要素之间的协同作用得到了明显的改善,逐渐转变为核心要素,形成具有竞争力的知识型区域协同减排比较优势。但整体减排系统的不断演化对系统内要素提出了更高的要求,协同发展环境的变化使得各子系统要适时对内部要素进行调整,实时优化区域协同减排比较优势,以满足整体区域协同减排系统的变化。因此,当系统演化至高级发展阶段时,区域协同减排比较优势逐渐变成核心竞争力,其他驱动因素要根据整体环境的变化进行调整。在各区域动态开发自身资源禀赋的基础上,充分利用区域协同减排比较优势,提升系统的协同减排水平,达到更高级的协同阶段。碳排放强度表征了区域经济发展与碳排放之间的关系,动态体现了区域的发展优势;区域的产业结构侧面体现了区域减排能力的强弱,静态反映了区域的发展优势。

② 区域协同减排联系

协同减排联系是指碳排放在不同的区域之间转入、转出，并伴随着资金、技术等要素的重新配置，相当于区域协同减排系统中子系统之间的能量交换。碳排放转移在区域之间是一个双向、多向的流动，改变着区域资金、技术等要素的比例结构，因此，区域协同减排联系是在协同减排比较优势的基础上，推动系统演化的一种手段。

区域协同减排联系的强弱程度及要素之间的能量损耗决定了不同的区域协同减排联系，同时也体现了不同的区域协同减排发展的效率。当子系统之间的减排联系程度相对较弱时，区域之间的要素流动受到阻碍，区域交流过程中过多的能量损耗也影响整个系统的资源分配。此时，各区域单独封闭运作产生无数独立的微小无序结构，整体减排系统也会受到阻碍而停滞不前甚至出现倒退的现象，某个区域甚至是整体协同减排系统的协同水平均无法提高，因此区域协同减排水平较低。相反地，若减排子系统之间的区域协同减排联系紧密，则区域之间的要素交流完全无障碍，系统内要素之间高效频繁的流动使得各区域资源配置更加合理，整个系统的能量损耗也会大大减少，区域协同减排系统能够更高效地协同运作，实现协同水平的跃升。区域之间的贸易往来伴随着大量碳排放转移，区域碳排放转入量和转出量表征区域的碳排放转移能力，转移量越大，则表明区域减排联系越紧密。

③ 区域协同减排努力程度

协同减排努力程度指区域为协同减排发展而愿意付出的努力程度，虽然目前中国已形成多方位的环境规制格局，但是，各地区环境规制也具有内生性，在实施过程中环境规制的强度存在差异。此外，各地区经济发展程度差异也会对环境规制的实施效果造成较大差异。因此，协同减排努力程度是从某种程度上描绘了区域协同减排的主观意愿，是推动系统演化的重要因素之一。

在区域协同减排的初始阶段，从总体来看，各区域的个体特征较为明显，系统整体运行效率和整合度不高，协同减排的作用不明显，各区域的组织结构仍然是单向、无序的，尚处于低级阶段。在区域协同减排系统发展过程中,各区域在初级阶段主要表现为资源型发展模式,此时各区域减排努力只能限制区域经济发展,此时,"一刀切"的减排方式可能无法使整体功能大于部分功能相加,甚至可能出现整体功能小于部分功能相加的境况,因此区域协同减排水平比较低。随着减排方式多样、减排模式优化,各区域的减排比较优势也能得到更充分的体现,各区域依靠不断提升的减排比较优势,通过有效的整合与资源配置的优化,使得整个系统实现协同运作,各个区域的个体特征被逐渐减弱。此时,各区域减排努力也可以实现最大效用,协同减排得到充分发挥,实现整体功能大于部分功能相加之和,区域协同减排系统演化至高级阶段。区域实行一系列政策措施促进减排,以及为产业结构的优化升级所做的调整,动态反映了区域减排的努力程度;区域对环境治理的投资,体现区域支持减排的力度,静态反映了区域减排的努力程度。

④ 区域协同减排体系指标选择及数据来源

基于上述区域协同减排系统关键因素的提取与本节区域协同减排系统演化状态变量的选择,区域协同减排评价指标体系具体指标的选取见表4-5。

表 4-5　区域协同减排评价指标体系

一级指标	指标表征	二级指标	指标表征
区域协同减排比较优势(A_r)	反映区域由地域条件或其他资源禀赋等形成的特有发展优势	碳排放强度	区域经济发展与碳排放之间的关系,动态体现区域的发展优势
		第三产业比重	区域的产业结构侧面体现了区域减排能力的强弱,静态反映区域的发展优势
区域协同减排联系(R_r)	反映区域之间要素信息共享程度	碳排放转出量、碳排放转入量	衡量区域间的联系,碳排放转移量越大,则表明区域减排联系越紧密

续表

一级指标	指标表征	二级指标	指标表征
区域协同减排努力程度(E_r)	衡量区域为实现减排任务投入的资金、人员等要素	产业转移	区域为产业结构的优化升级所做的调整，动态反映区域减排的努力程度
		污染治理投入	区域对环境治理的投资，体现区域支持减排的力度，静态反映区域减排的努力程度

从表 4-5 可以看出，一级指标可以相应地划分为动态和静态 2 个二级指标，因此 3 个一级指标是由对应的 2 个二级指标按照 50%的比例加权得到的。其中，中国各区域碳排放转入量与碳排放转出量采用投入产出模型计算所得(Liu，2012)；产业转移指标采用各区域第二产业增加值增量占 GDP 增量的比重来表示(冯根福 等，2010)；污染治理投入采用减排投入额占 GDP 的比重表示，碳排放强度与第三产业比重采用传统定义及方法表示。

为保证能真实地反映社会现状，与碳排放初始配额情境形成对比，BASE 情境下的各二级指标均来自真实数据，通过国家统计局和各省份统计局数据平台查找获得。Q1～Q3 情境下的二级指标具体数据均通过区域协同减排系统动力学模型模拟仿真得出。其中针对 BASE 情境下个别数据缺失情况，选择内插外推方法将数据补齐。因西藏地区数据缺失较多，初步整理剔除，最终选取中国 30 个地区来进行研究。

4.4.3　不同情境下区域协同减排系统演化机理提炼

(1) 不同情境下区域协同减排系统序参量的判定

运用哈肯模型从上述提出的 3 个状态变量中识别区域协同减排系统演化序参量，但由于哈肯模型是两两变量进行分析，故对 3 个状态变量进行两两分析。具体建模的基本步骤包括：① 提出模型假设；② 判断运动方程是否成立；③ 求解方程的参数，并判断是否满足“绝热近似假设”条件；④ 判定所提出的模型假设是否成立并确定系统的序参量。根据式(4-7)、式(4-8)对2008—2017年30个地区的数据进行回归,本书选用Eviews 8.0软件进行计算,所得结果见表4-6～表4-8。

由表4-6的分析结果可以看出,BASE情境下区域协同减排比较优势(A_r)与区域协同减排联系(R_r)之间存在显著协同关系。若以A_r为系统序参量得出$\lambda_1=0.071\ 8$,$\lambda_2=0.029\ 1$,$\lambda_1>\lambda_2$,不满足绝热近似假设原理。若以R_r为系统序参量得出$\lambda_1=0.017\ 0$,$\lambda_2=0.069\ 6$,$\lambda_2>\lambda_1$,假设成立。因此A_r为系统的快变量,R_r为系统的慢变量,是中国区域协同减排演化的序参量,驱动区域协同减排的演化进程。造成这种结果的原因可能是目前各地区经济发展水平不均衡,伴随着产业转移和区域贸易产生的碳转移,对区域碳减排工作的实施造成极大困扰,因此以碳排放转出及碳排放转入表征的区域协同减排联系就成为中国区域协同减排的序参量。

从表4-7中模型的检验结果可以看出,Q1情境下模型假设1和假设2均通过t检验,说明区域协同减排努力程度(E_r)与区域协同减排比较优势(A_r)之间存在显著协同关系。若以E_r为系统序参量得出$\lambda_1=2.031\ 6$,$\lambda_2=0.033\ 4$,$\lambda_1>\lambda_2$,不满足绝热近似假设原理。若以A_r为系统序参量得出$\lambda_1=0.032\ 7$,$\lambda_2=0.390\ 2$,$\lambda_2>\lambda_1$,假设成立。此时,快变量为区域协同减排比较优势(A_r),慢变量为区域协同减排努力程度(E_r),是驱动中国区域协同减排系统演化的序参量,驱动区域协同减排的演化进程。

表4-8显示的是Q2情境下的模型测算结果。从表4-8可以看出,模型假设1和2均通过检验,假设1中以A_r为系统序参量得出$\lambda_1=0.026\ 4$,$\lambda_2=0.675\ 8$,$\lambda_2\gg\lambda_1$,假设成立。假设2是以E_r为系统序参量,计算得出$\lambda_1=2.287\ 6$,$\lambda_2=0.021\ 4$,$\lambda_1>\lambda_2$,不满足绝热近似假设条件。因此,Q2情境下主宰区域协同减排演化的序参量为区域协同减排努力程度(E_r)。

表 4-6　BASE 情境下区域协同减排演化方程参数结果

序号	模型假设	λ_1	a	检验	λ_2	b	检验
1	$A_r=q_1$	0.068 3	0.001 4	$R^2=0.969\ 0$	0.959 3	−0.024 2	$R^2=-0.006\ 0$
	$E_r=q_2$	(0.000 0)	(0.009 5)	(0.000 0)	(0.506 1)	(0.789 3)	(0.782 0)
2	$E_r=q_1$	−0.738 5	0.853 0	$R^2=-0.004\ 2$	0.068 8	2.44E−5	$R^2=0.969\ 0$
	$A_r=q_2$	(0.549 6)	(0.559 0)	(0.622 8)	(0.000 0)	(0.014 7)	(0.000 0)
3	$A_r=q_1$	0.071 8	3.58E−6	$R^2=0.968\ 0$	−0.029 1	2.043 9	$R^2=0.996\ 0$
	$R_r=q_2$	(0.000 0)	(0.325 4)	(0.000 0)	(0.000 0)	(0.129 8)	(0.000 0)
4	$\boldsymbol{R_r=q_1}$	**−0.017 0**	**0.011 1**	$R^2=0.996\ 0$	**0.069 6**	**8.51E−10**	$R^2=0.968\ 0$
	$\boldsymbol{A_r=q_2}$	(0.000 0)	(0.087 6)	(0.000 0)	(0.000 0)	(0.062 7)	(0.000 0)
5	$E_r=q_1$	1.122 3	−0.000 2	$R^2=-0.005\ 6$	−0.305 0	−0.007 5	$R^2=0.968\ 0$
	$R_r=q_2$	(0.532 8)	(0.381 0)	(0.554 0)	(0.473 0)	(0.345 6)	(0.000 0)
6	$R_r=q_1$	−0.030 1	−0.001 3	$R^2=0.996\ 0$	0.959 4	1.37E−8	$R^2=-0.006\ 0$
	$E_r=q_2$	(0.000 0)	(0.166 9)	(0.000 0)	(0.000 0)	(0.734 9)	(0.740 0)

表 4-7　Q1 情境下区域协同减排演化方程参数结果

序号	模型假设	λ_1	a	检验	λ_2	b	检验
1	$\mathbf{A_r=q_1}$ $\mathbf{E_r=q_2}$	**0.032 7** (0.000 0)	**−0.006 7** (0.127 0)	R^2=0.944 0 (0.000 0)	**0.390 2** (0.000 0)	**0.112 6** (0.002 0)	R^2=0.353 0 (0.782 0)
2	$E_r=q_1$ $A_r=q_2$	2.031 6 (0.000 0)	−1.454 6 (0.000 0)	R^2=0.462 0 (0.312 0)	0.033 4 (0.000 0)	0.003 2 (0.024 0)	R^2=0.944 0 (0.000 0)
3	$A_r=q_1$ $R_r=q_2$	0.024 3 (0.000 0)	4.44E−6 (0.067 0)	R^2=0.944 0 (0.000 0)	−0.032 0 (0.000 0)	−3.141 9 (0.403 0)	R^2=0.998 0 (0.000 0)
4	$R_r=q_1$ $A_r=q_2$	−0.039 6 (0.000 0)	0.007 3 (0.176 0)	R^2=0.998 0 (0.000 0)	0.002 73 (0.000 0)	−7.75E−10 (0.137 0)	R^2=0.947 0 (0.000 0)
5	$E_r=q_1$ $R_r=q_2$	0.553 6 (0.532 8)	−0.000 1 (0.381 0)	R^2=−0.371 0 (0.554 0)	−0.031 4 (0.473 0)	−1.832 9 (0.345 0)	R^2=0.998 0 (0.000 0)
6	$R_r=q_1$ $E_r=q_2$	−0.031 2 (0.000 0)	0.000 9 (0.661 0)	R^2=0.998 0 (0.000 0)	0.361 8 (0.000 0)	8.8E−9 (0.070 0)	R^2=0.338 0 (0.740 0)

表 4-8 Q2 情境下区域协同减排演化方程参数结果

序号	模型假设	λ_1	a	检验	λ_2	b	检验
1	$\boldsymbol{A_r=q_1}$	**0.026 4**	**−0.006 5**	R^2=0.943 0	**0.675 8**	**0.280 9**	R^2=0.123 0
	$\boldsymbol{E_r=q_2}$	(0.000 0)	(0.000 0)	(0.000 0)	(0.000 0)	(0.000 0)	(0.122 0)
2	$E_r=q_1$	2.287 6	−1.156 5	R^2=0.164 0	0.021 4	0.280 9	R^2=0.941 0
	$A_r=q_2$	(0.000 0)	(0.000 0)	(0.258 0)	(0.000 0)	(0.059 0)	(0.000 0)
3	$A_r=q_1$	0.020 6	−3.85E−8	R^2=0.940 0	−0.033 2	−0.125 2	R^2=0.997 0
	$R_r=q_2$	(0.000 0)	(0.988 0)	(0.000 0)	(0.000 0)	(0.970 0)	(0.000 0)
4	$R_r=q_1$	−0.037 6	0.003 4	R^2=0.997 0	0.001 9	−2.45E−10	R^2=0.940 0
	$A_r=q_2$	(0.000 0)	(0.669 0)	(0.000 0)	(0.000 0)	(0.605 0)	(0.000 0)
5	$E_r=q_1$	0.853 7	−0.000 2	R^2=0.193 0	−0.033 2	−0.013 6	R^2=0.997 0
	$R_r=q_2$	(0.030 4)	(0.000 0)	(0.724 0)	(0.000 0)	(0.852 0)	(0.000 0)
6	$R_r=q_1$	−0.033 4	0.000 2	R^2=0.998 0	0.630 4	82.2E−8	R^2=0.095 0
	$E_r=q_2$	(0.000 0)	(0.893 0)	(0.000 0)	(0.000 0)	(0.041 0)	(0.952 0)

表 4-9 显示的是 Q3 情境下的模型参数及检验结果。从表 4-9 可以看出，模型假设 $A_r=q_1$，$E_r=q_2$ 时，方程通过 F 检验和 t 检验，$\lambda_1=0.0352$，$\lambda_2=0.8370$，$\lambda_2\gg\lambda_1$，满足绝热近似假设条件，因此本假设成立。假设 2 计算得出 $\lambda_1=1.4017$，$\lambda_2=0.0218$，$\lambda_1>\lambda_2$，虽然模型通过 F 检验和 t 检验，但不满足绝热近似假设条件，因此假设不成立。所以，Q3 情境下区域协同减排系统演化的序参量为区域协同减排努力程度(E_r)。

对比以上结果可知，相比 BASE 情境，Q1，Q2，Q3 情境下系统序参量均发生变化，快变量为区域协同减排努力程度(E_r)，慢变量变为区域协同减排比较优势(A_r)，即主宰协同减排演化的序参量是区域协同减排比较优势。这种转变可能是因为区域在碳排放初始配额政策约束下，碳排放和转移受到限制，此时区域做出的减排努力和自身比较优势的影响效应会大大提升，但短期内区域的减排努力回报会产生延迟现象，此时区域自身的比较优势对协同减排的影响起主要作用，因此在碳排放初始配额情境下以碳排放强度及第三产业比重表征的协同减排比较优势成为区域协同减排系统演化的序参量。

(2) 基于势函数求解的区域协同减排系统演化特征分析

在明确不同情境下区域协同减排系统演化序参量的基础上，进一步分析区域协同减排的演化曲线，对探究碳排放初始配额对区域协同减排的影响具有重要意义。根据式(4-6)所示，求得的 4 种情境下的势函数及方程解见表 4-10。

表 4-9　Q3 情境下区域协同减排演化方程参数结果

序号	模型假设	λ_1	a	检验	λ_2	b	检验
1	$\boldsymbol{A_r=q_1}$	**0.035 2**	**−0.001 9**	R^2=0.943 0	**0.837 0**	**0.232 9**	R^2=0.036 0
	$\boldsymbol{E_r=q_2}$	(0.000 0)	(0.000 0)	(0.000 0)	(0.007 0)	(0.000 0)	(0.669 0)
2	$E_r=q_1$	1.401 7	−0.480 4	R^2=0.002 0	0.021 8	0.000 5	R^2=0.923 0
	$A_r=q_2$	(0.026 0)	(0.000 0)	(0.312 0)	(0.000 0)	(0.054 0)	(0.000 0)
3	$A_r=q_1$	0.027 5	−6.72E−6	R^2=0.933 0	−0.032 0	0.491 1	R^2=0.996 0
	$R_r=q_2$	(0.000 0)	(0.142 0)	(0.000 0)	(0.000 0)	(0.818 0)	(0.000 0)
4	$R_r=q_1$	−0.030 9	−0.001 7	R^2=0.996 0	0.020 6	−6.67E−11	R^2=0.932 0
	$A_r=q_2$	(0.000 0)	(0.790 0)	(0.000 0)	(0.000 0)	(0.964 0)	(0.000 0)
5	$E_r=q_1$	0.983 5	−0.000 2	R^2=−0.014 0	−0.033 2	0.015 6	R^2=0.996 0
	$R_r=q_2$	(0.865 6)	(0.001 0)	(0.554 0)	(0.000 0)	(0.915 0)	(0.000 0)
6	$R_r=q_1$	0.764 1	−5.64E−8	R^2=−0.024 0	0.027 5	86.72E−6	R^2=0.933 0
	$E_r=q_2$	(0.000 0)	(0.004 0)	(0.697 0)	(0.000 0)	(0.142 0)	(0.000 0)

表 4-10　4 种碳排放初始配额分配情境下的势函数

情境分类	势函数	求解结果
BASE	$V=-0.0085R_{r_2}+3.392\times10^{-11}R_{r_4}$	$R_{r_1}=0, R_{r_2}=11\ 192.69, R_{r_3}=-11\ 192.69$
Q1	$V=0.0164A_{r_2}-4.833\times10^{-4}A_{r_4}$	$A_{r_1}=0, A_{r_2}=5.82, A_{r_3}=-5.82$
Q2	$V=0.0132A_{r_2}-6.754\times10^{-4}A_{r_4}$	$A_{r_1}=0, A_{r_2}=4.42, A_{r_3}=-4.42$
Q3	$V=0.0176A_{r_2}-1.329\times10^{-3}A_{r_4}$	$A_{r_1}=0, A_{r_2}=3.64, A_{r_3}=-3.64$

模型中的"势"代表系统表现出的未来某种走向的能力，势函数结构特征反映了区域协同减排演化机理。当系统演化的控制参数发生变化时，系统结构失衡，变为不稳定状态，其势函数图像也会随之发生变化。图 4-4 描绘了 BASE 情境下区域协同减排系统发展势函数曲线，可以看出在减排系统中，当减排联系不断增大时，系统内原有的结构难以适应，产业结构调整、科技水平提升等促使系统中参数发生改变，系统依据新的势函数进行运动，进入更下一层次的稳态。新的控制参数使得区域协同减排系统内部的 2 个状态变量相互作用，在定态解 $R_r = \pm 11\ 192.69$ 处取得最小值，形成新的稳定状态，即区域协同减排联系达到 $\pm 11\ 192.69$ 时系统会演化出新的有序结构，结合表 4-6 可知，BSAE 情境下区域协同减排联系为主宰系统演化的序参量。

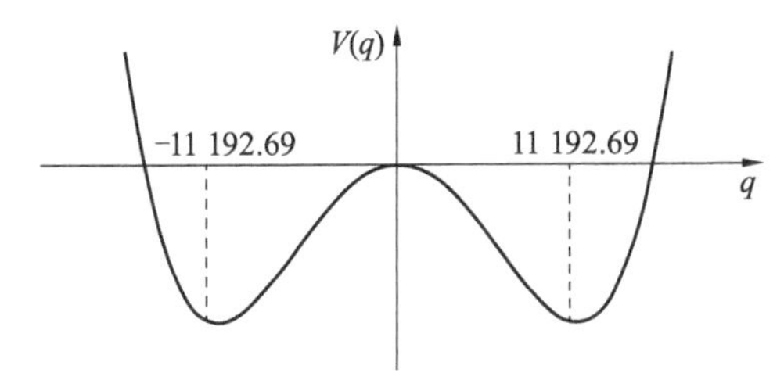

图 4-4　BASE 情境下 2007—2018 年中国区域协同减排发展势函数曲线

势函数的形态取决于系统的状态变量和控制参数。就区域协同减排系统而言，系统序参量由区域协同减排联系变为区域协同减排比较优势，内在原因是控制参数发生变化，系统的原有结构被打破而演化升级出新的结构，如图 4-5 所示。

图 4-5 中曲线Ⅰ描述了 Q1 情境下的区域协同减排系统演化趋势，在合适的控制变量下区域协同减排比较优势发展成慢变量，区域协同减排努力程度演化成系统快变量，促使系统发生涨落。结合表 4-7 可以知道，在 $A_r = \pm 5.82$ 时势函数取得最大值，但此时是不稳定的状态，当区域协同减排比较优势逐渐增大并跃过定态解时，系统结构会发生变化，序参量主宰系统产生新的有序结构，形成新的稳态。

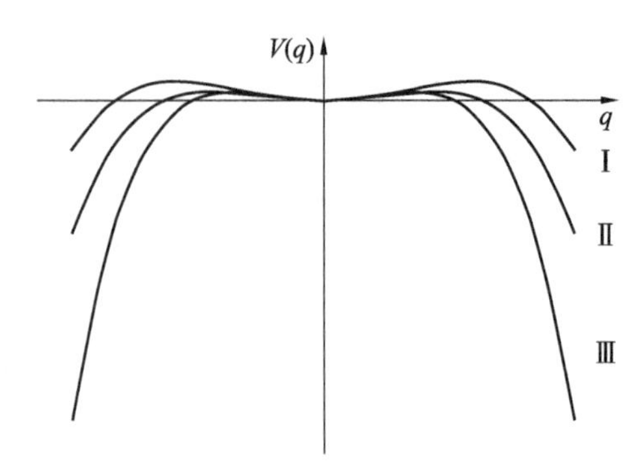

图 4-5　Q1～Q3 情境下 2007—2018 年中国区域协同减排发展势函数曲线

曲线Ⅱ描绘了 Q2 情境下的区域协同减排系统演化趋势，在控制参数的变动下，区域协同减排比较优势和区域协同减排努力程度发生非线性作用，使系统区分出快、慢变量，在外部环境影响下，区域协同减排比较优势发生一次次“涨落”，同时系统的非线性作用将“涨落”作用放大使系统演化出新的结构。可以看出，势函数在 $A_r=\pm 4.42$ 处取得极大值，均为极不稳定点，区域协同减排的轻微变动就会导致系统状态失衡，进入下一次演化。

曲线Ⅲ描绘了 Q3 情境下的区域协同减排系统演化趋势，当状态变量 A_r，E_r 和控制参数发生变化时，区域协同减排系统也随之发生变化，系统由稳定状态变为不稳定状态。区域协同减排比较优势和区域协同减排努力程度之间发生非零作用，使得势函数在 $A_r=\pm 3.64$ 处取得极大值，也就是说，在区域协同减排比较优势支配下，系统演化出新的有序结构。

对比可以看出，无碳配额情境下，区域协同减排系统演化存在稳定点，即 $R_r=\pm 11\ 192.69$ 处，势函数处于极小值点。此时区域协同减排系统的内能最小，也就是偏离自身状态的能力最小，系统处于稳定的状态。当系统处于稳定状态时，认为区域协同减排系统处于良好的运行状态。碳排放初始配额情境下系统势函数发生极大变化。碳配额情境下，势函数图像无稳定点，只存在势函数的排斥子，即 $A_r=\pm 5.82$，$A_r=\pm 4.42$，$A_r=\pm 3.64$ 处，此时势函数处于极大值点。区域协同减排系统具有最大内能，其偏离自身现状的能力最大，系统状态极不稳定。区域协同减排比较优势和区域协同减排努力程度的相互作用只要发生轻微改变，系统的序参量就有可能出现跃变，导致区域协同减排系统出现极不稳定的情况，系统失衡，发生演化升级。同时也可以看出，由曲线Ⅰ变到曲线Ⅲ，势函数的解在逐渐减小，极大值也逐渐缩小，曲线变化逐渐缓和，说明严格的碳配额对区域协同减排系统的影响更加明显。在碳配额约束下，区域协同减排系统发展极不稳定，但随着碳配额增加，系统的不稳定状态得到缓解。

（3）区域协同减排系统演化参数分析

无初始碳配额下区域协同减排联系是区域协同减排演化的序参量，控制碳排放量、减少碳排放转移对促进协同减排具有重要影响。根据模型计算结果可知，a 为正值，说明区域协同减排联系的增强与区域协同减排比较优势的提高还未形成协同效应，即区域协同减排比较优势抑制了减排联系的增强，说明产业升级和技术进步等会带来区域碳排放转移量的减少；b 为正值，说明区域协同减排联系对区域协同减排比较优势有正向作用，区域碳排放转移量的增加在拉动贸易发展、对区域碳排放量产生影响的同时，也会促进区域加快产业结构升级、降低碳排放强度，实现减排目标；$\lambda_1<0$，表明系统内已经建立区域协同减排联系不断增加的正反馈机理；$\lambda_2>0$，说明区域协同减排系统内部还未形成区域协同减排比较优势递增的正反馈机理，即随着区域第三产业比重的增加和碳排放强度的降低，区域发展差距会逐渐缩小，随之协同减排比较优势也不再显著。

碳排放初始配额情境下，区域协同减排比较优势是系统演化的序参量，因此通过优化升级产业结构实现碳排放强度降低，是促进区域协同减排、发展低碳经济的重要举措。由此情境模拟结果可知，a 为负值，说明区域协同减排比较优势的提高和区域协同减排努力程度的加强已经形成协同效应，区域协同减排努力程度对减排比较优势具有正向作用。b 为正值，说明区域协同减排比较优势对减排努力程度具有正向促进作用，区域协同减排比较优势提高，表现为产业结构更加合理、碳排放率降低，更能激励区域增加污染投资，加大减排力度。λ_1 为正值，说明系统内部尚未形成区域协同减排比较优势递增的正向反馈机理。随着时间推移，区域协同减排比较优势会出现下降趋势，但 λ_1 值较小，演化过程较缓慢，也从侧面说明区域协同减排比较优势为序参量，区域协同减排努力程度为状态参量。λ_2 为正值，说明系统内形成区域协同减排努力程度递减的负反馈机理，区域协同减排努力程度有下降的趋势。

从控制参数的具体数值来看，3 种碳配额情境下，a 的符号发生转变，说明在初始碳配额情境下区域协同减排系统发展环境得到改善，状态变量之间已经形成明显的协同效应。而且，Q3 情境下 a 的绝对值大于 Q2 情境下的 a 的绝对值，Q1 情境下 a 的绝对值最小，此种情况说明 Q3 情境下区域协同减排比较优势与区域协同减排努力程度的协同效应更加明显，在严格的碳配额下，加大减排力度、增加污染治理投资额更能促进区域产业结构升级同时降低碳排放强度。b 值在初始碳配额情境下明显增加，且 Q2 情境下数值更大，说明初始碳配额政策下，区域协同减排比较优势更加明显，能充分发挥自身优势促进减排，减排潜力更大。同时也论证了合理的初始碳配额才能最大限度地促进减排，宽松或者过度严格的碳配额都不利于减排发展。λ_1 的符号发生变化，系统演化的序参量形成递增的正反馈效应，也从侧面验证了初始碳配额使得区域协同减排系统发展对环境更加有利。Q3 情境下 λ_1 值最大，说明相对宽松的初始碳配额有利于区域充分发挥区域协同减排比较优势，形成良好的正反馈机制。λ_2 值在 Q3 情境下最大，说明相对宽松的碳排放初始配额使区域减排压力减小，降低政府及企业减排积极性，减弱政府减排力度。

系统演化序参量的转变表明中国区域协同减排系统发展进入新的阶段，基础情境下，中国区域协同减排依靠区域间产业联系带来的碳排放转移，整体协同减排比较低；碳排放初始配额分配情境下，区域协同减排系统发展立足于各区域减排比较优势，自身区位优势日益凸显，各区域协同得分均有较大幅度的提升。序参量转变说明各区域系统内部作用愈发明显，在跨区域减排的同时，区域各自的发展效用明显增强，进入区域协同减排发展新阶段。

4.5　碳排放初始配额对区域协同减排影响分析

前面对比分析了4种碳排放初始配额情境下区域协同减排系统的演化机理，定性分析了碳排放初始配额对区域协同减排系统的影响。本部分将碳排放初始配额纳入区域协同减排系统动力学模型中，并进行仿真分析，进一步定量分析碳排放初始配额对区域协同减排的影响，通过构建区域协同减排水平测算模型，计算不同情境下的区域协同减排水平，分析碳排放初始配额对区域协同减排水平的影响效应，探究更能促进区域协同发展的碳排放初始配额方案。

4.5.1　不同碳排放初始配额下区域协同减排水平测算模型

根据哈肯模型最初用于研究物理学非线性动力学，通过势函数图像可以得知系统稳定点。此时系统状态评价函数表示为

$$d=\sqrt{(q-R)^2+[V(q)+V(R)]^2} \tag{4-9}$$

$(R,V(R))$表示系统稳定点的坐标位置，状态点与系统稳定点之间的距离越大，说明状态点越不稳定，即d值越大，协同值越小；反之，d值越小则说明协同值越大。

为了便于数据比较，本书采用式(4-10)的方法对系统状态评价值d进行正向化处理，得到协同减排水平得分S值范围为[0,1]。得分值越大，说明区域协同减排水平越高；反之，S值越小则表示区域协同减排水平越低(李琳 等，2016)。协同减排水平得分值S的计算公式表示为

$$S=\frac{d_{\max}-d}{d_{\max}-d_{\min}} \tag{4-10}$$

根据式(4-9)和式(4-10)的测算方法计算不同碳排放初始配额分配情境下区域协同减排水平得分，见表4-11。

表 4-11　不同碳排放初始配额分配情境下区域协同减排水平得分值

协同水平		BASE		Q1		Q2		Q3	
驱动因素		RRR		RRA		RRA		RRA	
		2008 年	2017 年	2008 年	2017 年	2008 年	2017 年	2008 年	2017 年
东部地区	北京	0.119	0.145	0.606	0.651	0.613	0.870	0.470	0.797
	上海	0.078	0.109	0.533	0.328	0.541	0.292	0.418	0.208
	天津	0.004	0.010	0.565	0.325	0.581	0.382	0.451	0.317
	浙江	0.095	0.175	0.395	0.218	0.397	0.214	0.310	0.166
	广东	0.177	0.405	0.881	0.526	0.755	0.368	0.681	0.344
	江苏	0.585	0.985	0.517	0.328	0.531	0.352	0.414	0.277
	山东	0.116	0.174	0.531	0.408	0.407	0.407	0.414	0.298
	河北	0.168	0.257	0.483	0.790	0.497	0.595	0.389	0.383
	福建	0.001	0.004	0.539	0.638	0.554	0.706	0.431	0.546
	辽宁	0.071	0.139	0.535	0.157	0.550	0.152	0.428	0.121
	海南	1.912E−5	5.281E−5	0.582	0.757	0.604	0.811	0.471	0.618
	均值	0.182		0.485		0.498		0.382	

续表

协同水平		BASE		Q1		Q2		Q3	
驱动因素		RRR		RRA		RRA		RRA	
		2008 年	2017 年	2008 年	2017 年	2008 年	2017 年	2008 年	2017 年
中部地区	河南	0.196	0.309	0.481	0.248	0.495	0.265	0.388	0.211
	安徽	0.041	0.097	0.504	0.193	0.518	0.196	0.404	0.155
	山西	0.007	0.012	0.371	0.019	0.359	0.026	0.274	0.038
	内蒙古	0.070	0.112	0.539	0.258	0.556	0.240	0.433	0.177
	吉林	0.003	0.004	0.486	0.480	0.498	0.200	0.388	0.084
	黑龙江	0.013	0.019	0.411	0.055	0.421	0.035	0.331	0.024
	江西	0.001	0.004	0.498	0.279	0.514	0.279	0.401	0.220
	湖北	0.211	0.345	0.470	0.071	0.481	0.083	0.375	0.116
	湖南	0.019	0.040	0.543	0.486	0.560	0.592	0.436	0.523
	均值	0.091		0.318		0.347		0.268	
西部地区	陕西	0.014	0.040	0.566	0.525	0.583	0.585	0.454	0.458
	甘肃	5.358E−4	1.080E−3	0.539	0.504	0.554	0.521	0.431	0.393
	青海	0.002	0.007	0.541	0.434	0.558	0.470	0.435	0.365
	宁夏	7.326E−5	3.175E−4	0.431	0.032	0.436	0.003	0.340	0.002
	新疆	0.002	0.013	0.532	0.429	0.549	0.448	0.428	0.342
	四川	0.004	0.010	0.495	0.368	0.508	0.341	0.396	0.251
	重庆	0.004	0.007	0.552	0.326	0.567	0.328	0.441	0.250
	云南	0.003	0.006	0.523	0.280	0.537	0.281	0.418	0.218
	贵州	0.002	0.006	0.525	0.498	0.537	0.520	0.417	0.394
	广西	1.923E−4	6.509E−4	0.543	0.549	0.559	0.874	0.435	0.607
	均值	0.006		0.436		0.473		0.356	

4.5.2 不同情境下区域协同减排水平特征分析

(1) 基础情境下区域协同减排水平特征分析

表 4-11 显示,无碳排放初始配额分配情境下江苏、广东、湖北等地区协同水平较高,海南、宁夏、广西等地区的协同得分较低。同时可以看出,三大区域协同得分均值呈现出“东部>中部>西部”的特征。从整体来看,三大地区协同减排水平普遍较低,2008—2017 年的得分均值小于 2017 年的得分且大于 2008 年的得分,说明区域协同减排水平呈上升趋势,其中,东部地区提高 68.99%,中部地区提高 69.35%,西部地区提高 200%。可能原因是东部地区经济发展快,已进入工业化进程后期,产业结构调整及产业转移是必然,但限于自身资源匮乏,同时国际进出口贸易活跃,因此碳排放转出量和转入量最大。中部地区高碳产业是主导产业,经济发展依赖自然资源,致使区域间形成了碳排放转移。西部地区自然资源丰富,但由于其经济结构不完善,对其他区域经济依赖度较高,承接东中部产业转移时也使碳排放转入,其协同度也是最低的。

(2) 碳排放初始配额分配情境下区域协同减排水平特征分析

Q1 情境下,北京、广东、海南等地的协同减排得分较高,宁夏、黑龙江、山西等地的协同减排得分较低;Q2 和 Q3 情境下,北京、海南、福建等地的协同减排得分较高,宁夏、黑龙江、山西等地的协同减排得分较低。整体来看,协同减排发展呈现出“东部>西部>中部”的格局。究其原因可能是碳排放配额约束下,中部地区作为连接东西部产业转移的重要枢纽发展受限,其区域协同减排比较优势不显著,加上碳配额量受限导致碳成本增加,企业会随之调整生产,从而减少产出,所以其协同度是最低的;东部地区地理位置优越,经济发展迅速,具有得天独厚的比较优势,因此协同值是最高的;西部地区资源丰富,减排潜力巨大,因此在合理的碳排放初始配额分配下协同减排得分要高于中部地区。限定碳配额量后,由于碳成本增加,大部分地区均会适当调整其生产规模,从而降低产出。

据表 4-11 的结果分析，碳排放初始配额分配对区域协同减排发展水平的影响是趋于一致的，只是不同标准的影响程度不同。初始配额分配情境下的协同减排得分较基础情境下的均有较大提升，3 种初始碳配额情境下东部地区协同减排水平得分均值分别提高 66.5%，73.6%，9.9%；中部地区分别提高 149.5%，181.3%，94.5%；西部地区协同减排得分均值有千倍增加。从图 4-6 可以看出，除江苏、河南、湖北外，大部分地区 2017 年区域协同减排得分在 Q2 情境下最高。

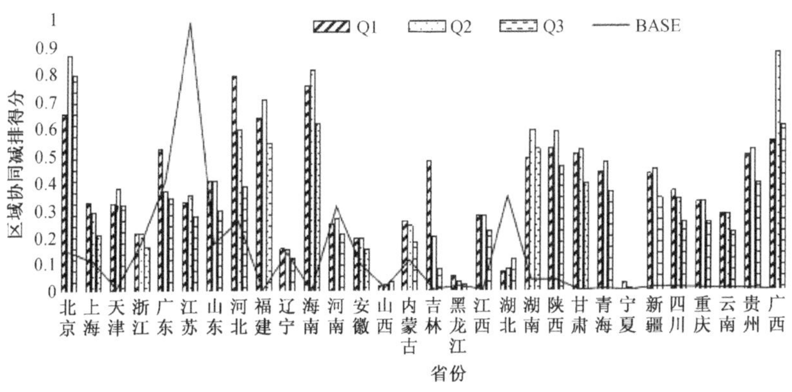

图 4-6　不同碳排放初始配额分配情境下 2017 年区域协同减排水平

不同的碳配额基准线会对区域协同减排发展产生不同的政策影响。如果为了避免“鞭打快牛”的现象，大力减少经济发达地区的碳配额，会导致生产效率受损，因此，政府在制定碳排放初始配额时，应该在保证经济正常发展的前提下结合区域发展实际情况，遵循“适度从紧、循序渐进”的原则，制定合理的初始碳配额基准线，激励区域实现碳减排目标的同时持续发展经济，真正实现低碳经济发展。

4.5.3　不同情境下区域协同减排水平特征对比分析

由式(4-10)可知，协同减排水平得分范围是[0,1]，为对各地区协同减排水平进行合理评价，本书按照其协同度值的大小，依次将其划分为高度协同、基本协同、弱协同、轻度不协同和极不协同5 个等级水平(汪良兵 等，2014)，详见表 4-12。

表 4-12 区域协同减排协同发展水平变动情况

协同发展水平 发展状态		高度协同 (0.8≤S≤1)	基本协同 (0.6≤S<0.8)	弱协同 (0.4≤S<0.6)	轻度不协同 (0.2≤S<0.4)	极不协同 (0≤S<0.2)
BASE	2008 年	0	0	1	1	28
	2017 年	1	0	1	3	25
Q1	2008 年	1	1	26	2	0
	2017 年	0	4	10	10	6
Q2	2008 年	0	3	25	2	0
	2017 年	3	1	9	11	6
Q3	2008 年	0	1	20	9	0
	2017 年	0	3	3	16	8

在基础情境下,区域协同减排水平整体呈缓慢上升趋势。分区域来看,东部地区中江苏省由弱协同阶段飞跃至高度协同阶段,广东省处于弱协同阶段,河北省上升至轻度不协同阶段,中部地区中轻度不协同阶段的省份增加至湖北省、河南省 2 个,西部地区发展阶段数量并无波动,其他地区发展阶段虽未发生较大改变,但协同减排得分都有所提高,说明在无碳排放初始配额分配情况下,区域协同减排系统虽不断发展,但进程较为缓慢。

Q1 情境下,区域协同减排发展水平呈下降趋势,东部地区发展处于基本协同阶段的地区由原来的北京市增加为北京、河北、福建、海南 4 个地区,轻度不协同阶段的地区也增加至 4 个;中部地区稍有下降,处于极不协同阶段的增加至 4 个;西部地区处于轻度不协同阶段和极不协同阶段的地区数量分别增加至 3 个和 1 个,区域协同减排系统发展阶段实现跃升的地区只有河北、福建、海南3 个,说明严格的碳配额对区域发展是有利的,河北作为能源消费大省,其产业结构不合理,污染排放严重,碳配额约束能促使区域实现减排目标,加快协同减排发展进程。海南省碳排放量较小,碳排放强度也不高,所以碳配额约束对区域发展的影响较小,协同发展步伐不受限制。整体来看,Q1 情境下三大区域发展阶段差异缩小,基本协同和弱协同的地区数量明显增加,但从长期发展的角度来看,严格的碳排放初始配额分配对区域协同减排系统发展有消极影响。

Q2情境下，区域协同减排水平发展较为分散，2008年三大区域发展阶段集中处于基本协同、弱协同、极不协同阶段，2017年三大区域处于极不协同阶段的数量均有增加，已上升至6个。实现阶段跃升的地区有北京、海南、福建、广西4个。可以看出海南、福建在Q1情境下也实现了阶段跃升，且相比Q2情境下的发展更快，说明严格的碳配额对2个地区的发展更好。北京和广西在Q1情境下的发展阶段没有实现大的突破，说明合理的碳配额才能促进区域发展，过度严格的碳配额会制约区域的发展。值得注意的是，北京、海南、广西的区域协同减排水平跃升至高度协同阶段，说明由于区域自身发展条件与发展环境等不同，碳排放初始配额分配对区域协同减排系统发展的影响存在差异。

Q3情境下，区域协同减排水平略微下降，2017年三大区域的轻度不协同阶段与极不协同阶段的数量增加，轻度不协同的数量由原来的9个增加至16个，极不协同阶段的数量增加了8个，此时，实现发展突破的是北京、海南和广西3个地区，这3个地区在Q2情境下也实现了突破，且Q3情境下的协同水平小于Q2情境下的，说明碳排放初始配额分配过度宽松不一定有利于区域发展，可能会促使区域产业恶性发展，不仅不能促进经济增长，还会影响环境的发展。

因此，为促进区域协同减排系统发展、加快减排进程，碳排放初始配额分配若只考虑减排目标，一味减少碳排放，会抑制区域发展，阻碍区域协同减排系统的发展进程；若政府给予相对宽松的碳排放初始配额，就会降低区域减排积极性，导致区域协同减排进程发展缓慢。因此，政府在制定碳排放初始配额时应谨慎设置分配标准，考虑区域发展差异性，因地制宜地进行碳排放初始配额分配，实现既能激励区域实施减排政策又能促进区域经济发展的双赢。

4.6 本章小结

本章在分析区域协同减排系统在不同碳排放初始配额分配下的内在演化机理,通过构建区域协同减排水平测算模型,计算不同碳排放初始配额分配影响下的区域协同减排水平,探索能促进区域协同减排发展的初始碳配额方案。

协同减排水平分析结果显示,基础情境下区域协同减排水平整体偏低,初始配额分配情境下协同减排得分较基础情境下均有较大提升,区域协同减排发展格局由原来的"东部＞中部＞西部"转变为"东部＞西部＞中部"。发展阶段研究结果显示,在无碳排放初始配额分配情境下,区域协同减排系统虽不断发展,但进程较为缓慢。不同初始碳配额对区域协同减排发展产生差异性影响,Q1 情境下区域协同减排发展水平呈下降趋势,Q2 情境下区域协同减排水平发展较为分散,Q3 情境下区域协同减排水平略微下降。

综上,研究结果表明:① 碳排放初始配额分配对区域协同减排系统发展有促进作用,中国区域协同减排水平格局转变,说明西部地区减排潜力巨大,在合理的碳排放初始配额分配下,后期发展优势明显高于中部地区,且东部地区的先发优势逐渐减弱。东、中、西部地区区域协同减排发展差异逐渐缩小。② 相对于 Q1 和 Q3 情境,Q2 情境下区域协同减排系统发展相对良好,因此初始配额分配应该谨慎,合理考虑区域差异。若一味减少碳排放,会抑制区域发展、阻碍区域协同减排进程;如果初始碳配额过量,则又达不到减排效果。

微观篇

第5章　供应链企业间碳排放转移动机及其优化

实践经验表明，我国当前碳交易市场不完善、交易渠道不畅通等问题仍旧存在，很多企业还无法通过碳市场进行交易。与此同时，供应链企业间本身就具有商品买卖关系，在商品的流通过程中，碳排放转移应运而生，并影响着碳排放资源的优化配置。并且，碳排放转移也已经成为很多企业降低自身碳排放的一种主动措施。为此，从本章开始，本书将重点讨论碳排放转移的微观机理。本章将在供应链层面，探讨供应链企业间碳排放转移的形成动机，分析碳排放转移对企业运营策略的影响，研究企业间碳排放转移动机不足时的补偿机制及优化策略。

5.1　问题描述与模型假设

本章考虑的是由单供应商和单制造商组成的两级供应链系统，其在政府规定的碳排放配额下进行生产运营。由于当前我国的碳交易市场还处于初级发展阶段，碳交易市场不完善、交易渠道不畅通等问题仍旧存在，很多企业需要进行碳交易的量很少，并且其对碳交易价格不能达成共识，因而并不选择在碳交易市场中进行交易。而一些碳排放量需求大的企业，会主动在碳交易市场中购买所需的碳排放权，从而避免因碳排放量超出而受到处罚。一般而言，政府碳排放配额限定下，会出现供应商与制造商碳排放配额均不足、均富余、一方不足一方富余3种情况。显然，当一方碳配额富余而另一方不足时，双方才更容易产生碳排放转移的动机。因此，本章关注一方富余而一方不足的情况，碳配额富余方是否愿意接受来自于碳配额不足方的碳排放转移，碳排放转移行为又如何影响供应链运作绩效。

为了使研究更具有现实针对性和理论科学性，本书结合具体情况做了如下相关假设，以便于计算：

假设 1 供应商与制造商都是风险中性的理性决策者，且信息完全对称。

假设 2 制造商的产品反需求函数为 $P=a-bq$，其表征了商品销售价格与商品销售数量的关系。其中，P 为市场价格；q 为需求量；a 为该商品在市场中的价格上限，即消费者愿意为该商品付出的最高价格；b 为需求弹性系数，表示商品的需求量变动对于该商品的价格变动的反应程度。

假设 3 碳交易价格 P_c 为外生变量，由碳交易市场决定。

假设 4 政府对供应商和制造商的碳配额分别为 m_1 和 m_2，考虑到碳交易市场不完善，若供应商的碳排放总量超出配额，则需要在碳交易市场购买所需的碳排放权，而制造商的碳排放量较少，并不选择将多余碳配额在碳交易市场中出售。

假设 5 考虑到上游供应商多为高碳企业，本书假定供应商的碳排放量较大，而制造商的碳排放量较小，因此会出现制造商碳配额富余而供应商碳配额不足的情形，即 $e_1q>m_1$，$e_2q<m_2$。其中，e_1，e_2 分别为供应商和制造商生产单位产品所需的碳排放量。

假设 6 由于不考虑制造商富余的碳配额收益，因此作为理性人，制造商在接收碳排放转移时，其碳排放总量始终不会超过碳配额。

在上述假设下，本书首先建立不考虑碳排放转移情形下的供应链企业间 Stackelberg 博弈模型(即模型 1)，分析碳配额限制与碳交易价格对供应链的影响，随后在模型 1 基础上增加供应链企业间碳排放转移行为，并针对供应商短缺量是否高于制造商的富余量，分为 2 种情形进行考虑(即模型 2 与模型 3)，并与模型 1 进行比较，以得到相关结论。

基于以上问题描述及假设，定义如下符号，见表 5-1。

表 5-1 参数及变量的符号定义

符号	定义	符号	定义
a	商品在市场中的价格上限	b	需求弹性系数
W	原材料的批发价格	P	产品的销售价格
C_1	供应商单位生产成本	C_2	制造商单位生产成本
e_1	供应商单位产品碳排放量	e_2	制造商单位产品碳排放量
m_1	供应商的碳配额	m_2	制造商的碳配额
Π_s	供应商利润	Π_m	制造商利润
P_c	碳交易价格	E	供应链总碳排放量

5.2 碳排放转移动机及运营策略分析

5.2.1 不考虑碳排放转移情形

首先，建立供应链企业间不考虑碳排放转移的模型 1。此时，制造商碳配额富余，即 $e_2q<m_2$，而供应商碳配额不足，即 $e_1q>m_1$。供应商作为供应链主导者，首先给出原材料批发价格 W，制造商随后根据批发价格 W 决定原材料采购数量 q。模型中供应商和制造商的碳排放配额 m_1，m_2 与碳交易价格 P_c 为外部参数，供应商的批发价格 W 与制造商的采购数量 q 为决策变量。此时，供应商与制造商的利润函数分别为

$$\Pi_s=(W-C_1)q-(e_1q-m_1)P_c \tag{5-1}$$

$$\Pi_m=(a-bq-W-C_2)q \tag{5-2}$$

$$\text{s.t.}\quad e_1q>m_1,e_2q<m_2$$

按照 Stackelberg 博弈逆向求解原则，首先求解第二阶段制造商的决策问题，假定供应商销售价格 W 已给定，制造商在碳排放约束 $e_2q<m_2$ 下，通过决策订购数量 q 实现利润最大化。由式(5-2)求二阶导数 $\frac{\partial^2\Pi_m}{\partial q^2}<0$，存在极大值，令一阶导数 $\frac{\partial\Pi_m}{\partial q}=0$，得到采购数量 q 关于批发价格 W 的行动规则为

$$q(W)=\frac{a-W-C_2}{2b} \tag{5-3}$$

然后求解第一阶段供应商的决策问题，将式(5-3)代入供应商的利润函数式(5-1)，对其求二阶导数$\frac{\partial^2 \Pi_s}{\partial W^2}<0$，存在极大值，令一阶导数 $\frac{\partial \Pi_s}{\partial W}=0$，得到制造商的最优批发价格为

$$W_1^*=\frac{a-C_2+C_1+e_1P_c}{2} \tag{5-4}$$

将式(5-4)代入式(5-3)中，得到制造商的最优订购量为

$$q_1^*=\frac{a-C_2-C_1-e_1P_c}{4b} \tag{5-5}$$

将式(5-5)代入约束条件，可以得到 $m_1<e_1\frac{a-C_2-C_1-e_1P_c}{4b}$，$m_2>e_2\frac{a-C_2-C_1-e_1P_c}{4b}$。同时，将式(5-5)代入供应商与制造商的利润函数式(5-1)、式(5-2)，可以得到供应商与制造商的均衡利润为

$$\Pi_{s1}^*=\frac{(A-e_1P_c)^2+8bm_1P_c}{8b} \tag{5-6}$$

$$\Pi_{m1}^*=\frac{(A-e_1P_c)^2}{16b} \tag{5-7}$$

式中，$A=a-C_1-C_2$。

此时，供应链总的碳排放量为

$$E_1=\frac{(A-e_1P_c)(e_1+e_2)}{4b} \tag{5-8}$$

结论1 当制造商碳排放配额剩余而供应商碳排放配额不足时，$\frac{\partial W^*}{\partial P_c}>0$，$\frac{\partial q^*}{\partial P_c}<0$，$\frac{\partial \Pi_s}{\partial P_c}<0$，$\frac{\partial \Pi_m}{\partial P_c}<0$，$\frac{\partial \Pi_s}{\partial m_1}>0$。

结论1说明，当供应链企业间不考虑碳排放转移时，供应商的最优批发价格与碳交易价格 P_c 成正向关系，最优订购量与 P_c 成负向关系，同时供应商和制造商的利润也将随着 P_c 的增加而减少，并且供应商的利润随着碳排放限额 m_1 的增加而增加。供应商的利润受到碳交易价格 P_c 和政府给定的碳排放限额 m_1 的共同影

响,随着政府给定的碳排放限额的增加而增加,随着碳交易价格的增加而减少。但由于此时供应商的碳排放配额不足,需要在碳交易市场购买相应的碳排放权,因此成本增加,为保证企业利润,供应商就会提高批发价格,而由于供应商批发价格的提高,制造商最优订购量就会相应降低,制造商的企业利润也随着碳交易价格 P_c 的增加而减少。

5.2.2 考虑碳排放转移情形

当供应链企业考虑碳排放转移时,作为碳排放不足方的供应商会尽可能地将超出的碳排放转移给制造商,而对于理性的制造商,接收碳排放转移后其总碳排放量应不会超出其碳配额,即制造商能接收的最大碳排放转移量为其富余量(m_2-e_2q)。因此,在考虑碳排放转移后会出现以下 2 种情形:

(1) $e_1q-m_1>m_2-e_2q$,即供应商的短缺量高于制造商的富余量(模型 2)

供应链企业间的碳排放转移量为 m_2-e_2q,转移后供应商的碳配额仍旧不足,超出部分为 $e_1q+e_2q-m_1-m_2$。那么,供应商与制造商的利润函数分别为

$$\Pi_s=(W-C_1)q-(e_1q+e_2q-m_1-m_2)P_c \tag{5-9}$$

$$\Pi_m=(a-bq-W-C_2)q \tag{5-10}$$

$$\text{s.t.}\quad e_1q>m_1,e_2q<m_2,e_1q-m_1>m_2-e_2q$$

按照前面的求解方法,可以得到上游供应商的最优批发价格为

$$W_2^*=\frac{a-C_2+C_1+(e_1+e_2)P_c}{2} \tag{5-11}$$

下游制造商的最优订购量为

$$q_2^*=\frac{a-C_2-C_1-(e_1+e_2)P_c}{4b} \tag{5-12}$$

供应商与制造商的均衡利润为

$$\Pi_{s2}^*=\frac{[A-(e_1+e_2)P_c]^2+8b(m_1+m_2)P_c}{8b} \tag{5-13}$$

$$\Pi_{m2}^*=\frac{[A-(e_1+e_2)P_c]^2}{16b} \tag{5-14}$$

此时，供应链总的碳排放量为

$$E_2=\frac{[A-(e_1+e_2)P_c](e_1+e_2)}{4b} \tag{5-15}$$

当供应商的短缺量高于制造商所能接收的最大转移量时，$\frac{\partial W^*}{\partial P_c}>0$，$\frac{\partial q^*}{\partial P_c}<0$，$\frac{\partial \Pi_s}{\partial P_c}<0$，$\frac{\partial \Pi_m}{\partial P_c}<0$，$\frac{\partial \Pi_s}{\partial m_1}>0$，$\frac{\partial \Pi_s}{\partial m_2}>0$。最优销售价格随 P_c 的增大而增加，最优订购量则随 P_c 的增大而减小，供应商和制造商的利润随 P_c 的增大而减小，但此时供应商的利润不仅与自身碳配额 m_1 正相关，也随着制造商的碳配额 m_2 的增加而增加。

(2) $e_1q-m_1<m_2-e_2q$，即供应商的短缺量低于制造商的富余量(模型 3)

供应链企业间的碳排放转移量为 e_1q-m_1，供应商超出的碳排放量全部转移给制造商。那么，供应商与制造商的利润函数分别为

$$\Pi_s=(W-C_1)q \tag{5-16}$$

$$\Pi_m=(a-bq-W-C_2)q \tag{5-17}$$

$$\text{s.t.}\quad e_1q>m_1,e_2q<m_2,e_1q-m_1<m_2-e_2q$$

按照前面的求解方法，可以得到上游供应商的最优批发价格为

$$W_3^*=\frac{a-C_2+C_1}{2} \tag{5-18}$$

下游制造商的最优订购量为

$$q_3^*=\frac{a-C_2-C_1}{4b} \tag{5-19}$$

供应商与制造商的均衡利润为

$$\Pi_{s3}^*=\frac{A^2}{8b} \tag{5-20}$$

$$\Pi_{m3}^*=\frac{A^2}{16b} \tag{5-21}$$

此时，供应链总的碳排放量为

$$E_3=\frac{A(e_1+e_2)}{4b} \tag{5-22}$$

当供应商的短缺量低于制造商的富余量时,通过碳排放转移,供应商可以将超出的碳排放量全部转移给制造商。此时,制造商最优订购量和供应商最优批发价格不再受碳配额和碳交易价格的影响,供应商和制造商的利润也不再受到碳交易价格 P_c 和企业碳排放配额的影响。

5.2.3 对比分析

下面将模型1、模型2与模型3进行比较,以得到碳排放转移后最优销售价格、最优订购量、双方的利润及供应链总的碳排放量的变化情况,见表5-2。

表5-2 3个模型对比分析

变量	不考虑碳排放转移	考虑碳排放转移	
	模型1	模型2	模型3
W^*	$\frac{a-C_2+C_1+e_1P_c}{2}$	$\frac{a-C_2+C_1+(e_1+e_2)P_c}{2}$	$\frac{a-C_2+C_1}{2}$
q^*	$\frac{a-C_2-C_1-e_1P_c}{4b}$	$\frac{a-C_2-C_1-(e_1+e_2)P_c}{4b}$	$\frac{a-C_2-C_1}{4b}$
Π_s^*	$\frac{(A-e_1P_c)^2+8bm_1P_c}{8b}$	$\frac{[A-(e_1+e_2)P_c]^2+8b(m_1+m_2)P_c}{8b}$	$\frac{A^2}{8b}$
Π_m^*	$\frac{(A-e_1P_c)^2}{16b}$	$\frac{[A-(e_1+e_2)P_c]^2}{16b}$	$\frac{A^2}{16b}$
E	$\frac{(A-e_1P_c)(e_1+e_2)}{4b}$	$\frac{[A-(e_1+e_2)P_c](e_1+e_2)}{4b}$	$\frac{A(e_1+e_2)}{4b}$

首先将模型2与模型1进行比较,可以得到如下结论:

结论2 当供应商的短缺量高于制造商的富余量时,供应商有碳排放转移的动机,而制造商没有接收碳排放转移的动机,此时碳排放转移将会导致交易价格上涨,交易数量下降,制造商利润减少,即 $W_1^*<W_2^*$, $q_1^*>q_2^*$, $\Pi_{m1}^*>\Pi_{m2}^*$。

结论3 当供应商的短缺量高于制造商的富余量时,碳排放转移后供应商的利润与制造商的碳配额成正向线性关系。

由结论2和结论3可以看出,当供应商的短缺量高于制造商的富余量时，供应商将其超出的部分碳排放转移给制造商，转移量为制造商碳配额的富余量，因此供应商的利润不仅与自身碳配额 m_1 正相关，也随制造商的碳配额 m_2 的增加而增加。对于供应商而言，碳排放转移减少了自身原本的部分碳排放成本，此时供应商不仅不会降低生产量，反而会加大生产量，即使需要购买更多的碳排放权，也会继续生产。而购买更多碳排放权使得供应商成本增加，为保证自身利润，供应商会提高批发价格。对于制造商而言，接收来自供应商的碳排放转移是为了降低批发价格，提高自身利润，但实际情况却与此相反。因此，当供应商超出的碳排放量高于制造商的富余量时，制造商并没有接收碳排放转移的动机。

下面将模型 3 与模型 1 进行比较，可以得到如下结论：

结论 4　当供应商的短缺量低于制造商的富余量时，供应商和制造商都有碳排放转移的动机，此时碳排放转移将会导致交易价格下降，交易数量增加，供应商和制造商的利润都增加，即 $W_1^* > W_3^*$，$q_1^* < q_3^*$，$\Pi_{s1}^* < \Pi_{s3}^*$，$\Pi_{m1}^* < \Pi_{m3}^*$。

结论 5　当供应商的短缺量低于制造商的富余量时，供应商和制造商的利润不再受到碳交易价格和碳配额的影响。

结论 6　当供应商超出的碳排放量低于制造商的富余量时，通过碳排放转移，供应链整体碳排放量增加，即 $E_1^* < E_3^*$。

由结论 4、结论 5 和结论 6 可以看出，当供应商的短缺量低于制造商的富余量时，供应商将其超出的碳排放量全部转移给制造商，此时供应链两主体的生产运营不再受到政府规定的碳配额的限制。对于供应商而言，碳排放转移后不再需要从交易市场上购买碳排放权，企业生产运营所需的成本降低，从而产品的批发价格下降。对于制造商而言，产品交易价格的下降使其订购量增加。对于供应链整体而言，碳排放转移使得供应商和制造商的利润均增加，但供应链整体碳排放量也随之上涨。

5.3　碳排放转移动机优化策略及其影响分析

从前面的比较分析可以看出，当供应商的短缺量低于制造商的富余量时,供应商和制造商都有碳排放转移的动机,双方可以通过碳排放转移来提高自身利润。而当供应商的短缺量高于制造商的富余量时,供应商有碳排放转移的动机,但制造商不愿意接收来自供应商的碳排放转移。此时为了促使碳排放转移发生,供应商可以考虑向制造商提出转移支付契约,给予制造商一定的补偿费用。此前,夏良杰等(2013)、王道平等(2017)学者提出通过供应链转移支付契约来协调供应链企业间利润,最终达到碳足迹的优化和利润的帕累托改进。

因此,本书在模型2的基础上引入转移支付契约,供应商以转移率 θ 进行碳排放转移的同时,按补贴率 $\lambda(\lambda<P_c)$ 给予制造商碳排放转移支付费用。那么在这种契约形式下供应商和制造商的利润函数分别为

$$\Pi_s=(W-C_1)q-[e_1q(1-\theta)-m_1]P_c-\lambda\theta e_1q \quad (5\text{-}23)$$

$$\Pi_m=(a-bq-W-C_2)q+\lambda\theta e_1q \quad (5\text{-}24)$$

s. t. $e_1q>m_1, e_2q<m_2, e_1q-m_1>m_2-e_2q$

按照前面的求解方法,得到的最优批发价格、最优订购量、供应商与制造商的均衡利润分别为

$$W_4^*=\frac{a-C_2+C_1+e_1P_c-\theta e_1(P_c-\lambda)}{2} \quad (5\text{-}25)$$

$$q_4^*=\frac{a-C_2-C_1-e_1P_c+\theta e_1(P_c+\lambda)}{4b} \quad (5\text{-}26)$$

$$\Pi_{s4}^*=\frac{[A-e_1P_c+\theta e_1(P_c+\lambda)][A-e_1P_c+\theta e_1(P_c-\lambda)]+8bm_1P_c}{8b} \quad (5\text{-}27)$$

$$\Pi_{m4}^*=\frac{[A-e_1P_c+\theta e_1(P_c+\lambda)]^2}{16b} \quad (5\text{-}28)$$

此时供应商利润 Π_{s4}^* 对 θ 一阶求导:

$$\frac{\partial\Pi_{s4}^*}{\partial\theta}=\frac{e_1P_c(A-e_1P_c)+\theta e_1^2(P_c^2-\lambda^2)}{4b}>0 \quad (5\text{-}29)$$

由此可以看出,在碳排放转移支付契约下,供应商为了获取最大利润,宁可支付转移费用,也要尽可能地将超出的碳排放转移给制造商。

因此，供应商为了获取最大利润，就需要提高转移率 $\theta(0<\theta\leqslant\frac{m_1-e_2q}{e_1q})$，那么供应商的最优转移率为最大转移率 $\theta^*=\frac{m_2-e_2q}{e_1q}$，最优转移量为最大转移量 m_2-e_2q，此时供应商与制造商的利润函数分别为

$$\Pi_s=(W-C_1)q-(e_1q+e_2q-m_1-m_2)P_c-\lambda(m_2-e_2q) \tag{5-30}$$

$$\Pi_m=(a-bq-W-C_2)q+\lambda(m_2-e_2q) \tag{5-31}$$

$$\text{s.t.}\quad e_1q>m_1, e_2q<m_2, e_1q-m_1>m_2-e_2q$$

此时得到的最优批发价格、最优订购量、供应商与制造商的均衡利润、供应链总的碳排放量分别为

$$W_4^*=\frac{a-C_2+C_1+e_1P_c+e_2P_c-2e_2\lambda}{2} \tag{5-32}$$

$$q_4^*=\frac{a-C_2-C_1-e_1P_c-e_2P_c}{4b} \tag{5-33}$$

$$\Pi_{s4}^*=\frac{[A-(e_1+e_2)P_c]^2+8b(m_1+m_2)P_c-8bm_2\lambda}{8b} \tag{5-34}$$

$$\Pi_{m4}^*=\frac{[A-(e_1+e_2)P_c]^2+16bm_2\lambda}{16b} \tag{5-35}$$

$$E_4=\frac{[A-(e_1+e_2)P_c](e_1+e_2)}{4b} \tag{5-36}$$

将此形式下的均衡利润与模型1进行比较，可以得到：

$$\begin{cases} W_4^*-W_1^*=e_2(\frac{P_c}{2}-\lambda) \\ q_4^*-q_1^*<0 \\ \Pi_{s4}^*-\Pi_{s1}^*=m_2(P_c-\lambda)-\frac{e_2P_c(A-e_1P_c-\frac{1}{2}e_2P_c)}{4b} \\ \Pi_{m4}^*-\Pi_{m1}^*=m_2\lambda-\frac{e_2P_c(A-e_1P_c-\frac{1}{2}e_2P_c)}{8b} \\ E_4-E_1=\frac{-e_2P_c(e_1+e_2)}{4b}<0 \end{cases} \tag{5-37}$$

为保证转移支付契约中供应商和制造商的利润,因此令 $\Pi_{s4}^{*}-\Pi_{s1}^{*}>0$ 且 $\Pi_{m4}^{*}-\Pi_{m1}^{*}>0$,可以得到补贴率 λ 的范围:

$$P_c\frac{e_2\left(A-e_1P_c-\frac{1}{2}e_2P_c\right)}{8bm_2}<\lambda<P_c\left[1-\frac{e_2\left(A-e_1P_c-\frac{1}{2}e_2P_c\right)}{4bm_2}\right]$$

若补贴率 λ 存在,则需要满足

$$P_c\frac{e_2\left(A-e_1P_c-\frac{1}{2}e_2P_c\right)}{8bm_2}<P_c\Big[1-\frac{e_2\left(A-e_1P_c-\frac{1}{2}e_2P_c\right)}{4bm_2}\Big)\Big]$$

即

$$m_2>\frac{3e_2\left(A-e_1P_c-\frac{1}{2}e_2P_c\right)}{8b}$$

因此,可以得到以下结论:

结论 7 当制造商的碳配额 $m_2>\frac{3e_2\left(A-e_1P_c-\frac{1}{2}e_2P_c\right)}{8b}$ 时,补贴率 λ 控制在一定范围内,供应商和制造商都有碳排放转移的动机,此时碳排放转移支付契约可以使交易数量下降,供应商和制造商的利润都增加,即 $q_1^{*}>q_4^{*}$,$\Pi_{s1}^{*}<\Pi_{s4}^{*}$,$\Pi_{m1}^{*}<\Pi_{m4}^{*}$。

结论 8 碳排放转移支付契约下的供应链总体碳排放量低于不考虑碳排放转移时的供应链总体碳排放量,即 $E_4<E_1$。

由结论 7 和结论 8 可以看出,当供应商的短缺量高于制造商的富余量,并且制造商的碳配额足够大,并满足

$$m_2>\frac{3e_2\left(A-e_1P_c-\frac{1}{2}e_2P_c\right)}{8b}$$

供应商可以提出转移支付契约,在进行碳排放转移的同时,以适当的补贴率 λ 给予制造商一定的碳排放转移支付费用,使得供应商和制造商的利润均得到增加,供应链总碳排放量降低,供应链整体绩效提高。

5.4　数值分析

为了更加直观地展示和验证本书中的结论，本节通过数学仿真软件对相关参数之间的关系进行仿真。结合本书模型假设，并参考周艳菊等(2017)关于产品碳排放系数的设定。假定产品在市场中的价格上限 $a=100$，需求的价格弹性系数 $b=0.1$。供应商为高碳企业，其单位产品生产成本 $C_1=0.5$，初始单位产品碳排放量 $e_1=1.1$。制造商的单位产品生产成本 $C_2=0.5$，初始单位产品碳排放量 $e_2=0.1$。政府根据供应商和制造商的历史排放量，分别给予其碳配额 $m_1=100$，$m_2=30$。

(1) 不考虑碳排放转移情形下供应链均衡决策随碳交易价格和碳配额的变化情况

首先分析碳交易价格 P_c 对供应链均衡决策的影响，由图 5-1 可以看出，随着碳交易价格的升高，供应商的批发价格随之升高，制造商的最优订购量随之减少，且供应商和制造商的利润都随之下降。这是由于供应商碳配额不足，需要在碳交易市场购买相应的碳排放权，因此成本增加，为保证企业利润，供应商就会提高批发价格。而由于供应商批发价格的提高，制造商最优订购量就会相应降低，因此制造商的企业利润也随着碳交易价格 P_c 的升高而减少。同时由图 5-2 可以看出，作为高碳企业的供应商，其利润随着自身碳配额的增加而增加，随着碳交易价格的升高而减少。这也验证了本章的结论 1。

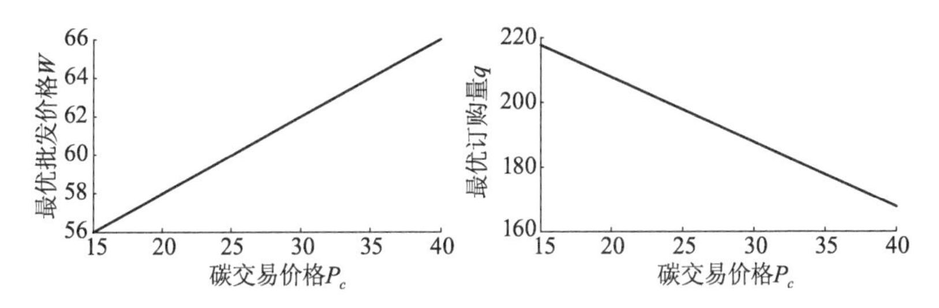

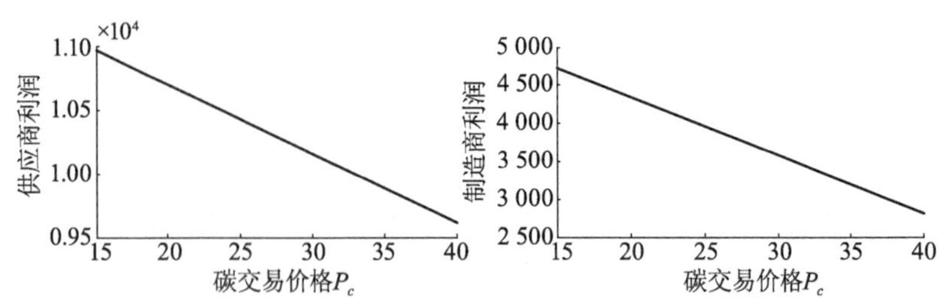

图 5-1　P_c 对最优批发价格、最优订购量及企业利润的影响

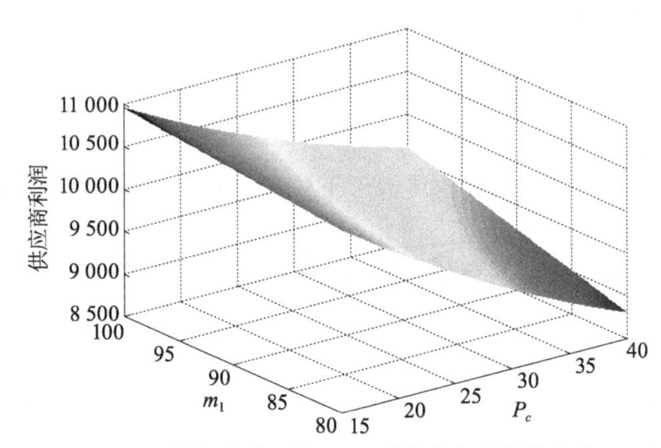

图 5-2　供应商碳配额和 P_c 对供应商利润的影响

(2) 碳排放转移对供应链企业行为及绩效的影响

由前面可知,当供应商的短缺量低于制造商的富余量时,通过碳排放转移,供应商可以将超出的碳排放量全部转移给制造商。此时,制造商最优订购量和供应商最优批发价格,以及供应商和制造商的利润都不再受到碳交易价格 P_c 和企业碳配额的影响。因此,本书此处对供应商的短缺量高于制造商的富余量的情形(即模型 2)进行数值分析。由图 5-3 可以看出,当供应商的短缺量高于制造商的富余量时,供应商将自身部分碳排放转移给制造商,但此时供应商反而提高批发价格,导致制造商最优订购量减少,制造商利润下降,因此制造商没有碳排放转移的动机,这验证了本章的结论 2。并且,随着碳交易价格的增加,碳排放转移对最优批发价格、最优订购量及制造商利润的影响更加显著。同时可以发现,一般来说,供应商可以通过碳排放转移减少自身碳排放,降低购买碳排放权的成本,从而提高自身利润,但是当碳交易价格低于一定价格时,供应商无法从碳排放转移中获利。

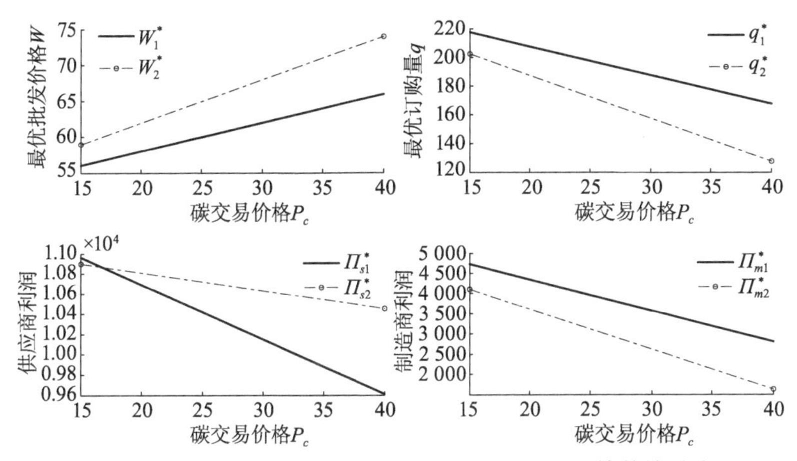

图 5-3　模型 2 中碳排放转移对供应链企业行为及绩效的影响

(3) 转移支付契约中供应链企业利润变化情况

针对供应链企业间建立转移支付契约的情形,研究制造商碳配额和补贴率对供应链企业利润的影响,并与不考虑碳排放转移的情形下供应链企业利润相对比。由图 5-4 可以看出,建立转移支付契约后,制造商的利润随补贴率的增加而增加,并且当补贴率高于一定的阈值时,制造商的利润会高于不考虑碳排放转移情形下的利润,即制造商会因转移支付契约而获利,不妨将这一阈值定义为补贴率的下限,那么可以看出,补贴率的下限随着制造商碳配额的增加而降低。而对于供应商,其利润随补贴率的增加而减少,若供应商想因转移支付契约而获利,那么需要补贴率低于一定的阈值(即补贴率的上限),同时可以看出,补贴率的上限随着制造商碳配额的增加而提高。因此,转移支付契约的建立需要制造商的碳配额足够大,且制造商的碳配额越大,补贴率的可调动范围越大。

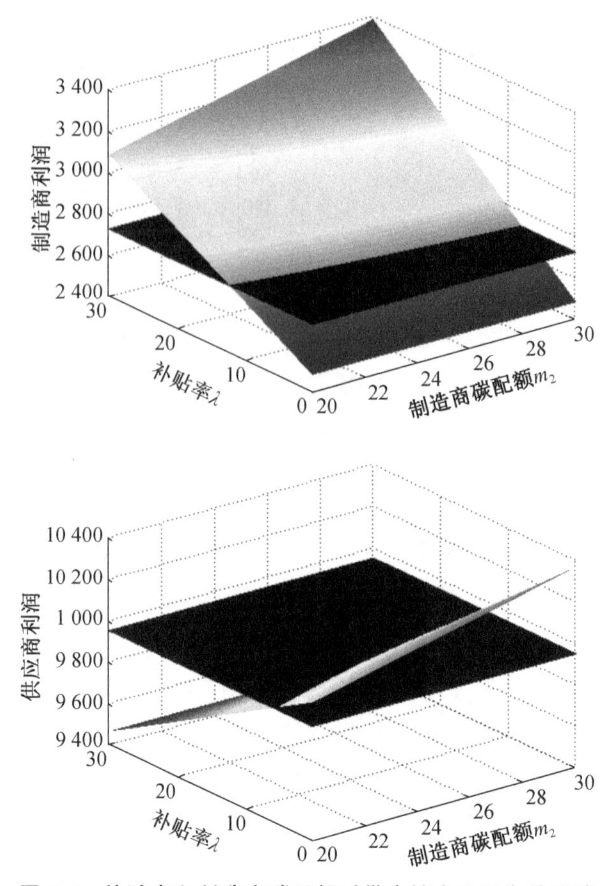

图 5-4 补贴率和制造商碳配额对供应链企业利润的影响

5.5 本章小结

本章针对制造商碳配额富余而供应商碳配额不足的供应链，综合考虑供应链企业间碳排放转移的影响，构建了供应商和制造商之间的两阶段博弈模型。通过比较不考虑碳排放转移与考虑碳排放转移 2 种情形，研究了供应链各主体的碳排放转移动机，以及碳排放转移行为对供应链运作绩效的影响，又进一步探讨了供应商和制造商之间，通过建立转移支付契约，使双方在碳排放转移中利润增加的同时，降低供应链整体碳排放量。通过研究得出以下结论：① 当供应商的短缺量低于制造商的富余量时，双方都有碳排放转移的动机。供应商将其超出的碳排放量全部转移给制造商，供应商不再需要从碳交易市场购买碳排放权，此时供应链主体的生产运营不再受到政府规定的碳配额的限制，最优订购量和最优销售价格由市场决定。结果表明，这种碳排放转移减少了供应商的碳排放压力，降低了自身成本，从而导致产品批发价格下降，制造商也相应提升产品订购量，最终供应商和制造商的利润都得到提高，但此时供应链整体却产生了更多的碳排放量，这种情形下的碳排放转移给环境带来了更大压力。② 当供应商的短缺量高于制造商的富余量时，供应商有碳排放转移的动机，而制造商没有碳排放转移的动机，碳排放转移不会在供应链企业间主动发生。供应商将自身部分碳排放转移给制造商，不仅不会降低自身成本，反而会导致批发价格上升，交易数量下降，制造商利润降低。结果表明，这种情形下制造商不愿意接收来自供应商的碳排放转移，供应商也不应强行将自身超出的碳排放转移给制造商。③ 在制造商缺乏碳排放转移动机的情形下，供应链企业间可以通过建立转移支付契约，促使碳排放转移发生；而在转移支付契约下，供应商的利润与补贴率负相关，制造商的利润与补贴率正相关，通过碳排放转移，可以降低交易价格，提高交易数量，与以往不考虑碳排放转移的情形相比，减少了购买碳交易权的成本，提高了供应商和制造商的利润，降低了供应链整体碳排放量，这种情形下的碳排放转移可以使供应链整体绩效提高，但转移支付契约的建立需要制造商的碳配额足够大，且制造商的碳配额越大，补贴率的可调动范围越大。因此，对于供应商碳配额短缺量高于制造商碳配额富余量的情形，政府通过提高制造商的碳配额，适当引导企业间碳排放转移，促使供应链企业在提高整体绩效的同时，降低供应链整体碳排放量。

第6章　竞合关系下考虑碳排放转移影响的供应链减排策略

在上一章的研究中，探讨了供应链企业间碳排放转移动机，指出供应链企业间的碳排放转移会影响供应链企业的生产运营决策，甚至可能会影响供应链整体碳排放，但其中并未考虑供应链上下游企业交互竞合关系下的减排措施。在当前低碳经济背景下，就供应链企业而言，一方面会受到来自政府碳规制的压力，另一方面也受到消费者低碳偏好的影响，供应链上下游企业都会选择相应的减排策略。对于一些企业，供应链企业间的碳排放转移就会成为其降低自身碳排放的选择方式，对供应链企业的生产决策和减排决策产生影响。基于此，本章在第5章研究的基础上，以由单个制造商和单个减排供应商组成的两级供应链为研究对象，综合考虑企业间碳排放转移的影响，分别在分散决策和集中决策情形下，构建减排博弈模型。同时，考虑到消费者的低碳消费偏好，在假定消费者的需求受产品减排率影响的基础上，探究在碳排放转移影响下，无竞争关系和有竞争关系的供应链上下游企业如何减排、追求利润最大化、提高供应链整体减排效率。

6.1　无竞争关系

6.1.1　问题描述与模型假设

在消费者低碳偏好和碳交易环境下，考虑一个由低排放的制造商M、高排放的供应商S、消费者及政府相关部门构成的供应链系统。政府采取碳配额与碳交易政策对供应链企业进行管控，参考《××省碳排放配额管理实施细则》，政府根据企业的实际产出量，采取基准法或历史排放法发放年度配额，碳政策强度 λ_i 越大，企业分配到的碳配额越紧张（$i=1,2$，分别表示供应商和制造商）。供应链企业在低碳环境下进行经营生产，其单位产品生产成本 c_i 为固定值，不受碳减排影响，单位产品初始碳排放量为 e_i，单位产品碳配额为 $(1-\lambda_i)e_i$，当企业碳配额不足时，需在碳交易市场中以碳交易价格 P_c 购买所需的碳排放权。令 $C_i=c_i+\lambda_i e_i P_c$，表示企业在减排投资前的单位产品成本。上游的供应商作为高耗能、高排放企业，多为水泥、钢铁等行业，在碳交易政策和消费者低碳偏好影响下优先进行减排投资，减排成本为 $\frac{1}{2}k\theta^2$，其中 k 为减排投资成本系数，θ 为企业减排率。制造商碳排放量相对较低，面对高额的减排投资成本，并未采取减排措施，而是考虑将碳排放以转移率 t 转移给上游的减排企业，从而减少自身碳排放。制造商以批发价格 w 购买供应商产品，并将最终产品以价格 p 出售。受消费者低碳偏好影响，低碳产品的市场需求函数为 $D(\theta,p)=a-bp+\beta\theta$，其中 a,b,β 分别表示产品的市场容量、需求对价格的敏感性系数及消费者的低碳意识强度，且 $a>0,b>0,\beta>0$。

假设供应商与制造商都是风险中性的理性决策者，且信息完全对称。上游供应商作为主导者与制造商进行 Stackelberg 博弈，供应商先决定批发价格 w 和减排率 θ，制造商再决定销售价格 p。双方以自身利益最大化为原则进行决策，用 π_s,π_m,π_{sc} 分别表示供应商、制造商及供应链整体利润。

相关符号及其含义见表 6-1。

表 6-1　相关符号说明

符号	含义
λ_i	企业面临的碳政策强度（$0<\lambda_i<1$）
e_i	企业单位产品初始碳排放量（$e_1\gg e_2$）
c_i	企业单位产品生产成本
C_i	企业减排投资前的单位产品成本

续表

符号	含义
P_c	碳交易价格
π_s, π_m, π_{sc}	供应商、制造商及供应链整体利润
k	减排投资成本系数
θ	供应商减排率
w	产品的批发价格
p	产品的销售价格
D	产品的市场需求
a	产品的市场容量
b	需求对价格的敏感性系数
β	消费者的低碳意识强度
t	制造商的碳排放转移率

6.1.2 模型构建与求解分析

(1) 分散决策下的供应链减排模型

① 不考虑碳排放转移情形

当前我国碳市场控排企业主要以供应链上游高耗能、高排放企业为主。在政府的碳排放政策强度 λ_i 下，供应链企业需要在碳市场中购买相应的碳配额 $\lambda_i e_i$，由于上游高碳供应商的单位产品碳排放量 e_1 较大，面对高额的碳排放交易成本，开始进行减排投资，降低自身单位产品碳排放，此时，供应商与制造商的利润函数分别为

$$\pi_s=(w-C_1+\theta e_1 P_c)(a-bp+\beta\theta)-\frac{1}{2}k\theta^2 \tag{6-1}$$

$$\pi_m=(p-w-C_2)(a-bp+\beta\theta) \tag{6-2}$$

按照博弈逆向求解原则，首先假定供应商销售价格 w 和减排率 θ 已给定，制造商通过决策产品价格 p 实现利润最大化，由式(6-2)求一阶导数，令 $\frac{\partial \pi_m}{\partial p}=0$，得到产品价格 p 关于批发价格 w

和减排率 θ 的行动规则为

$$p(w,\theta)=\frac{a+\beta\theta}{2b}+\frac{w+C_2}{2} \tag{6-3}$$

将式(6-3)代入供应商的利润函数式(6-1)，此时 π_s 对 w 和 θ 的一阶导数分别为

$$\frac{\partial\pi_s}{\partial w}=\frac{a+\beta\theta}{2}-\frac{b(2w-C_1+C_2+e_1P_c\theta)}{2}=0 \tag{6-4}$$

$$\frac{\partial\pi_s}{\partial\theta}=\frac{e_1P_c[a+\beta\theta-b(w+C_2)]}{2}+\frac{\beta(w-C_1+e_1P_c\theta)}{2}-k\theta=0 \tag{6-5}$$

因此，关于 π_s 的海塞矩阵 $\boldsymbol{H}(w,\theta)$ 为

$$\boldsymbol{H}(w,\theta)=\begin{bmatrix}\dfrac{\partial^2\pi_s}{\partial w^2} & \dfrac{\partial^2\pi_s}{\partial w\partial\theta}\\ \dfrac{\partial^2\pi_s}{\partial\theta\partial w} & \dfrac{\partial^2\pi_s}{\partial\theta^2}\end{bmatrix}=\begin{bmatrix}-b & \dfrac{\beta-be_1P_c}{2}\\ \dfrac{\beta-be_1P_c}{2} & \beta e_1P_c-k\end{bmatrix} \tag{6-6}$$

令 $4kb>(\beta+be_1P_c)^2$，可得 $\boldsymbol{H}(w,\theta)$ 为半负定矩阵，联立式(6-4)、式(6-5)可得不考虑碳排放转移情形下(用上标 N 表示)供应商的最优决策为

$$w^N=\frac{[2k-e_1P_c(\beta+be_1P_c)](a-bC_1-bC_2)}{4kb-(\beta+be_1P_c)^2}+C_1 \tag{6-7}$$

$$\theta^N=\frac{(\beta+be_1P_c)(a-bC_1-bC_2)}{4kb-(\beta+be_1P_c)^2} \tag{6-8}$$

将式(6-7)、式(6-8)代入式(6-3)，可以得到制造商的最优决策为

$$p^N=\frac{[3k-e_1P_c(\beta+be_1P_c)](a-bC_1-bC_2)}{4kb-(\beta+be_1P_c)^2}+C_1+C_2 \tag{6-9}$$

此时，均衡的市场需求、供应商和制造商的利润分别为

$$D^N=\frac{kb(a-bC_1-bC_2)}{4kb-(\beta+be_1P_c)^2} \tag{6-10}$$

$$\pi_s^N=\frac{k(a-bC_1-bC_2)^2}{2[4kb-(\beta+be_1P_c)^2]} \tag{6-11}$$

$$\pi_m^N=\frac{k^2b(a-bC_1-bC_2)^2}{[4kb-(\beta+be_1P_c)^2]^2} \tag{6-12}$$

结论 1 政府的碳政策强度与产品的批发价格、销售价格正相关,与企业减排率、产品的市场需求、供应商和制造商的利润负相关;而消费者的低碳意识强度与企业减排率、产品的市场需求、供应商和制造商的利润正相关。

结论 1 表明,过强的碳排放政策不一定会有效激励企业减排,碳政策的增强使得企业的单位产品成本增加,降低其盈利水平,对企业造成负面影响,使产品的批发价格和销售价格增加,从而导致市场需求降低,企业利润受到影响。而消费者低碳意识的增强,使低碳产品的市场需求增加,激励企业加大减排投入,从而获得更高的利润,因此,提高消费者的低碳意识和低碳观念,使低碳产品在市场上有更大的竞争力,才能有效激励企业减排,降低单位产品碳排放。

推论 1 低碳不一定高价,当消费者低碳意识强度超过一定值 β^* 时,产品的价格随着企业减排率的提高而降低。

证明:P^N 和 θ^N 分别对消费者低碳意识强度 β 求一阶导数,可以得到

$$\frac{\partial P^N}{\partial \beta}=\frac{[-e_1 P_c(\beta+be_1 P_c)^2+6k(\beta+be_1 P_c)-4kbe_1 P_c](a-bC_1-bC_2)}{[4kb-(\beta+be_1 P_c)^2]^2}$$

$$\frac{\partial \theta^N}{\partial \beta}=\frac{[4kb+(\beta+be_1 P_c)^2](a-bC_1-bC_2)}{[4kb-(\beta+be_1 P_c)^2]^2}$$

由此可以得到 P^N 和 θ^N 之间的关系为

$$\frac{\partial P^N}{\partial \theta^N}=\frac{-e_1 P_c(\beta+be_1 P_c)^2+6k(\beta+be_1 P_c)-4kbe_1 P_c}{4kb+(\beta+be_1 P_c)^2}$$

令

$$f(\beta)=-e_1 P_c(\beta+be_1 P_c)^2+6k(\beta+be_1 P_c)-4kbe_1 P_c$$

$$\Delta=4k(9k-4be_1^2 P_c^2)>0$$

可知 $f(\beta)$ 有两个不相等的实根,即

$$\beta=\frac{6k-2be_1^2 P_c^2 \pm \sqrt{4k(9k-4be_1^2 P_c^2)}}{2e_1 P_c}$$

又由于 $\beta>0$,因此

$$\beta^* = \frac{6k - 2be_1^2P_c^2 + \sqrt{4k(9k - 4be_1^2P_c^2)}}{2e_1P_c}$$

当 $0<\beta<\beta^*$ 时，$f(\beta)>0$，$\frac{\partial p^N}{\partial \theta^N}>0$，随着企业减排率的提高，企业的减排投入成本增加，导致企业产品的价格逐渐增高；但当消费者低碳意识强度达到一定水平，即 $\beta>\beta^*$ 时，$f(\beta)<0$，$\frac{\partial p^N}{\partial \theta^N}<0$，随着企业减排率的提高，产品的碳足迹降低，在市场中的竞争力增强，低碳产品的价格也在逐渐降低。

② 考虑碳排放转移情形

供应链下游的制造商自身单位碳排放 e_2 相对较低，面对高额的减排投入，并不采取相应的减排措施，同时上游供应商通过减排投入降低了自身碳排放水平。制造商凭借自身在供应链中的区位优势，开始将自身碳排放以转移率 $t(0<t<\lambda_2)$ 向上游的减排供应商转移，此时供应商与制造商的利润函数分别为

$$\Pi_s = [w - C_1 + \theta e_1 P_c - (1-\theta)te_2P_c](a - bq + \beta\theta) - \frac{1}{2}k\theta^2 \tag{6-13}$$

$$\Pi_m = (p - w - C_2 + te_2P_c)(a - bp + \beta\theta) \tag{6-14}$$

按上述相同方法逆向求解，可以得到考虑碳排放转移情形下制造商与供应商的最优决策（用上标 T 表示）为

$$w^T = \frac{[2k - (e_1P_c + te_2P_c)(\beta + be_1P_c + bte_2P_c)](a - bC_1 - bC_2)}{4kb - (\beta + be_1P_c + bte_2P_c)^2} + C_1 + te_2P_c \tag{6-15}$$

$$p^T = \frac{[3k - (e_1P_c + te_2P_c)(\beta + be_1P_c + bte_2P_c)](a - bC_1 - bC_2)}{4kb - (\beta + be_1P_c + bte_2P_c)^2} + C_1 + C_2 \tag{6-16}$$

$$\theta^T = \frac{(\beta + be_1P_c + bte_2P_c)(a - bC_1 - bC_2)}{4kb - (\beta + be_1P_c + bte_2P_c)^2} \tag{6-17}$$

$$D^T = \frac{kb(a - bC_1 - bC_2)}{4kb - (\beta + be_1P_c + bte_2P_c)^2} \tag{6-18}$$

$$\pi_s^T=\frac{k(a-bC_1-bC_2)^2}{2[4kb-(\beta+be_1P_c+bte_2P_c)^2]} \tag{6-19}$$

$$\pi_m^T=\frac{k^2b(a-bC_1-bC_2)^2}{[4kb-(\beta+be_1P_c+bte_2P_c)^2]^2} \tag{6-20}$$

结论 2 无外在条件约束下,下游制造企业的最优转移率为最大转移率,与企业受到的碳政策强度正相关,$t^*=\lambda_2$。

证明:作为碳排放转移方的制造商,在碳排放转移的过程中以追求自身利润最大化为目标,因此将 π_m^T 对转移率 t 求一阶导数可以发现

$$\frac{\partial\pi_m^T}{\partial t}=\frac{4k^2b^2e_2P_c(a-bC_1-bC_2)^2[4kb-(\beta+be_1P_c+bte_2P_c)^2](\beta+be_1P_c+bte_2P_c)}{[4kb-(\beta+be_1P_c+bte_2P_c)^2]^4}>0$$

制造商的最优转移率为 $t^*=t_{\max}=\lambda_2$。

由结论 2 可以看出,无外在条件约束下,制造商会尽可能地将自身超出的碳排放转移给供应链上游的供应商,而制造商在没有采取减排措施的情况下,生产所需的碳排放由政府给定,超出的单位产品碳排放为 λ_2e_2,政府对制造商施加的碳政策越强,制造商超出的碳排放量越多,转移的碳排放量也越多。因此,考虑到供应链中碳排放转移的影响,针对单位产品碳排放较少的清洁型企业,政府不宜制定过强的碳排放政策。

结论 3 下游制造商向上游的减排供应商发生碳排放转移时,不仅产品的市场需求增加,制造商的利润得到提高,作为碳排放接收方的减排企业,其单位产品的减排率提高,利润也得到相应比例的增加。其中,制造商因碳排放转移而增加的利润高于供应商增加的利润。

证明:通过将 2 种情形下博弈模型的最优解进行比较,可以得到 $D^T>D^N$,$\theta^T>\theta^N$,$\pi_s^T>\pi_s^N$,$\pi_m^T>\pi_m^N$。同时比较

$$\pi_s^N=\frac{k(a-bC_1-bC_2)^2}{2[4kb-(\beta+be_1P_c)^2]}$$

$$\pi_s^T=\frac{k(a-bC_1-bC_2)^2}{2[4kb-(\beta+b(e_1+te_2)P_c)^2]}$$

可以看出碳排放转移的发生使得 e_1 产生了一个增量 $te_2(te_2\ll e_1)$,

那么可以得到供应商的利润增幅为

$$\Delta\pi_s=\frac{\partial\pi_s^N}{\partial e_1}\Delta e_1=\frac{kbP_c\lambda_2e_2(\beta+be_1P_c)(a-bC_1-bC_2)^2}{[4kb-(\beta+be_1P_c)^2]^2}$$

同理，制造商的利润增幅为

$$\Delta\pi_m=\frac{\partial\pi_m^N}{\partial e_1}\Delta e_1=\frac{4k^2b^2P_c\lambda_2e_2(\beta+be_1P_c)(a-bC_1-bC_2)^2}{[4kb-(\beta+be_1P_c)^2]^3}$$

于是碳排放转移给供应商带来的利润增幅占制造商利润增幅的比率为

$$\frac{\Delta\pi_s}{\Delta\pi_m}=\frac{4kb-(\beta+be_1P_c)^2}{4kb}$$

上游减排供应商在接收碳排放转移的同时，无形中增加了自身的单位产品碳排放，使企业的潜在碳资产价值量 e_1P_c 得到提升，可挖掘的碳规模效益扩大，进一步促进了企业减排效率的提高。减排效率的提高使得整体供应链利润提高，但作为减排主体的上游供应商，其增加的利润低于制造商因碳排放转移而增加的利润，更使得低碳供应链中“搭便车”问题加深。

结论 4　上游减排企业在接收碳排放转移的情况下，其面临的最优碳政策强度提高，扩大了政府的碳政策调控空间。

证明：对于上游的减排企业，若政府规定的碳政策过于严格，即政府的碳政策强度 λ_1 高于企业最优减排率 θ^*，企业减排后碳排放仍旧超出规定的碳限额，需要从碳交易市场购买相应的碳排放权，此时会给企业带来消极影响；然而，若政府的碳政策强度 λ_1 低于企业最优减排率 θ^*，此时企业处于一种较为宽松的碳政策环境，可以通过技术投入降低自身碳排放，进而将多余的碳排放权进行出售。因此，对于政府最优的碳政策强度应该处于一种稳健状态，即 λ_1。

将以上 2 种模型中企业最优减排率分别代入

$$\lambda_1=\theta^N=\frac{(\beta+be_1P_c)(a-bC_1-bC_2)}{4kb-(\beta+be_1P_c)^2}$$

$$\lambda_1=\theta^T=\frac{(\beta+be_1P_c+bte_2P_c)(a-bC_1-bC_2)}{4kb-(\beta+be_1P_c+bte_2P_c)^2}$$

可以得到上游减排企业在碳排放转移与否2种情形下的最优碳政策强度为

$$\lambda_1^N=\frac{(\beta+be_1P_c)(a-bC_1-bC_2)}{4kb-\beta(\beta+be_1P_c)} \tag{6-21}$$

$$\lambda_1^T=\frac{(\beta+be_2P_c+be_1P_c)(a-bC_1-bC_2)}{4kb-(\beta+be_2P_c)(\beta+be_1P_c)} \tag{6-22}$$

通过比较可以发现，$\lambda_1^N<\lambda_1^T$。在受到碳排放转移影响下，政府对于供应链上游企业的最优碳政策强度增加，政府碳政策强度的调控空间由$[0,\lambda_1^N]$变为$[0,\lambda_1^T]$。然而实际中，政府在制定碳政策强度时并未考虑到碳排放转移的影响，仍旧对上游减排企业施加λ_1^N的碳政策强度，此时$\lambda_1^N<\theta^T$，企业处于较为宽松的碳政策环境，并未达到稳健状态。

推论2 政府在制定相应碳政策时，若不考虑碳排放转移的影响，对上游减排企业的调控效果无法达到最优效果。

(2) 集中决策下的供应链减排模型

在集中决策下，供应商与制造商作为一个整体，批发价格内部化，并不影响供应链的整体利润，此时供应商与制造商共同决策，决策变量为产品的单位产品减排率θ和市场价格P。不考虑碳排放转移情况下的集中决策减排模型在很多文献中已有研究，并且在集中决策下供应商与制造商作为一个整体，其间的碳排放转移可以视为内部化的转移，因此本书在集中决策下仅考虑有碳排放转移情形下的减排决策问题。

在当前情境下，上游供应商采取减排投入降低自身碳排放水平，供应链下游的制造商并不采取相应的减排措施，而是凭借自身在供应链中的区位优势，开始将自身碳排放以转移率$t(0<t<\lambda_2)$向上游的减排供应商转移，那么，供应链整体的利润函数为

$$\pi_{sc}=(p-C_1-C_2+\theta e_1P_c+\theta te_2P_c)(a-bp+\beta\theta)-\frac{1}{2}k\theta^2 \tag{6-23}$$

按上述相同方法逆向求解，可以得到集中决策下考虑碳排放转移情形的制造商与供应商的最优决策。

供应链整体共同对产品价格 p 和减排率 θ 做决策，此时 π_{sc} 对 p 和 θ 的一阶导数分别为

$$\frac{\partial \pi_{sc}}{\partial p}=a-2bp+(\beta+be_1P_c+bte_2P_c)\theta+b(C_1+C_2) \tag{6-24}$$

$$\frac{\partial \pi_{sc}}{\partial \theta}=(\beta-be_1P_c-bte_2P_c)p+[2\beta(e_1P_c+te_2P_c)-k]\theta+(e_1P_c+te_2P_c)a-\beta(C_1+C_2) \tag{6-25}$$

因此，关于 π_{sc} 的海塞矩阵 $\boldsymbol{H}(p,\theta)$ 为

$$\boldsymbol{H}(p,\theta)=\begin{bmatrix}\frac{\partial^2\pi_{sc}}{\partial p^2} & \frac{\partial^2\pi_{sc}}{\partial p\partial\theta}\\ \frac{\partial^2\pi_{sc}}{\partial\theta\partial p} & \frac{\partial^2\pi_{sc}}{\partial\theta^2}\end{bmatrix}=\begin{bmatrix}-2b & \beta-be_1P_c-bte_2P_c\\ \beta-be_1P_c-bte_2P_c & 2\beta(e_1P_c+te_2P_c)-k\end{bmatrix} \tag{6-26}$$

令 $2kb>(\beta+be_1P_c+bte_2P_c)^2$，可得 $\boldsymbol{H}(p,\theta)$ 为半负定矩阵，联立式(6-24)、式(6-25)可得集中决策下考虑碳排放转移影响（用上标 C 表示）的供应链最优决策为

$$p^C=\frac{[k-(e_1P_c+te_2P_c)(\beta+be_1P_c+bte_2P_c)](a-bC_1-bC_2)}{2kb-(\beta+be_1P_c+bte_2P_c)^2}+C_1+C_2 \tag{6-27}$$

$$\theta^C=\frac{(\beta+be_1P_c+bte_2P_c)(a-bC_1-bC_2)}{2kb-(\beta+be_1P_c+bte_2P_c)^2} \tag{6-28}$$

将式(6-27)、式(6-28)代入式(6-23)，可以得到供应链的整体利润为

$$\pi_{sc}^C=(a-bC_1-bC_2)^2\{[k+(a-bC_1-bC_2-e_1P_c-te_2P_c)(\beta+be_1P_c+bte_2P_c)][2kb-k+(\beta+be_1P_c+bte_2P_c)(e_1P_c+te_2P_c-be_1P_c-bte_2P_c)]+0.5k(\beta+be_1P_c+bte_2P_c)^2\}[2kb-(\beta+be_1P_c+bte_2P_c)^2]^{-2} \tag{6-29}$$

通过比较集中决策与分散决策下的供应链最优决策，可以发现：

结论 5　在碳排放转移影响下，与分散决策相比，集中决策下供应商单位产品减排率更高，产品的市场价格越高，供应链整体利

润也增加,即 $p^C > p^T$,$\theta^C > \theta^T$,$\pi_{sc}^C > \pi_s^T + \pi_m^T$。

由结论 5 可以看出,在集中决策下供应商与制造商作为整体,共同对产品的价格和减排率进行决策,双方不再为产品的中间价格而博弈。制造商超出的碳排放直接转移给供应商,相当于制造商与供应商共享碳排放配额,这样无形中加大了供应商的减排潜力,供应商可以通过增加减排率来提高收益,产品减排率的提高增加了产品的市场需求,最终产品可以以更高的价格出售,使供应链整体利润得以提高。同时供应链双方集中决策,更好地实现了供应链的协调。

结论 6 在集中决策下,减排供应商面临的最优碳政策强度更高,扩大了政府的碳政策调控空间。

证明:对于上游的减排企业,若政府规定的碳政策过于严格,即政府的碳政策强度 λ_1 高于企业最优减排率 θ^*,企业减排后碳排放仍旧超出规定的碳限额,需要从碳交易市场购买相应的碳排放权,此时会给企业带来消极影响;然而,若政府的碳政策强度 λ_1 低于企业最优减排率 θ^*,此时企业处于一种较为宽松的碳政策环境,可以通过技术投入降低自身碳排放,进而将多余的碳排放权进行出售。因此,政府最优的碳政策强度应处于一种稳健状态,即$\lambda_1 = \theta^*$。

因此集中决策下,供应商的最优碳政策强度为

$$\lambda_1^C = \frac{(\beta + be_1P_c + bte_2P_c)(a - bC_1 - bC_2)}{2kb - (\beta + be_1P_c + bte_2P_c)^2} \tag{6-30}$$

通过比较可以发现,$\lambda_1^N < \lambda_1^T < \lambda_1^C$。在受到碳排放转移影响下,政府对于供应链上游企业的最优碳政策强度增加,政府碳政策强度的调控空间由[0,λ_1^N]变为[0,λ_1^T]。然而集中决策下,上游供应商可以更大地提高自身减排率,因此政府可以制定更加严格的碳政策,将碳政策强度的调控空间变为[0,λ_1^C],提高整体供应链的减排效率。

6.1.3 数值分析

本节以某钢铁供应商(控排企业)和家电制造商为例进行数值

仿真，并参考程永伟等测算产品碳排放系数。假定市场容量 $a=200\ 000$，价格敏感系数 $b=200$，消费者的低碳偏好系数 $\beta=20$。供应商单位原材料生产成本和碳排放系数分别为 $C_1=150$，$e_1=2t$，碳减排成本系数 $k=1$ 亿元，单位碳排放权价格 $P_c=40$ 元。制造商单位原材料生产成本和碳排放系数分别为 $C_2=100$，$e_2=0.5t$。政府对供应商和制造商的碳政策强度分别 $\lambda_1=0.2$，$\lambda_2=0.2$。在上述参数设定下，研究消费者低碳偏好、碳政策强度及碳排放转移率对供应商减排率和供应链成员利润的影响。

(1) 消费者低碳偏好和碳政策强度对供应商减排率和供应链成员利润的影响

供应商和制造商组成的供应链系统，一方面受到政府碳规制政策的约束，另一方面也受到消费者低碳偏好的影响。在这两方面的压力下，供应商采取相应的减排措施降低碳排放，而制造商采取碳排放转移的措施减少自身碳排放。由图 6-1 可知，在分散决策下，无论是否有碳排放转移发生，供应商的最优减排率始终与供应商的碳政策强度 λ_1 负相关，与消费者低碳偏好 β 正相关，而且在碳排放转移的影响下，供应商的最优碳减排率有一定程度的提高。这是由于碳政策强度属于供应链企业的外在压力，碳政策强度的提高使得供应商超出限额的排放量增加，面临的成本更高，减排压力更大；而消费者的低碳偏好对于供应链而言，起到的是激励作用，供应链企业可以通过碳减排获得更高的产品市场需求。制造商向供应商转移碳排放使得供应商的单位产品碳排放基数增加，在低碳偏好的激励作用下，减排可以获得的收益增加，因此供应商的最优减排率提高。但是相较于供应商的初始单位碳排放，转移的碳排放量微乎其微，对于供应商减排率的提高并不显著。消费者低碳偏好和碳政策强度对于供应商和制造商利润的影响，在图 6-2 中有所体现。

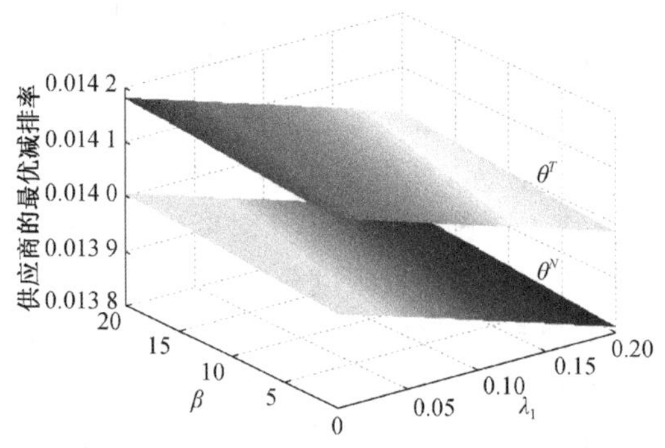

图 6-1　消费者低碳偏好和供应商碳政策强度对减排率的影响

碳政策强度的提高会使供应商和制造商的利润受损,而消费者低碳偏好的增强,对供应链成员利润起到了正向作用,这也验证了本章中的结论 1。一味地提高碳政策强度并不会提高企业的减排率,反而会使供应链企业利润受损,只有提高消费者低碳意识和低碳观念,使低碳产品在市场上有更大的竞争力,才能有效激励企业进行减排,降低产品碳排放率。

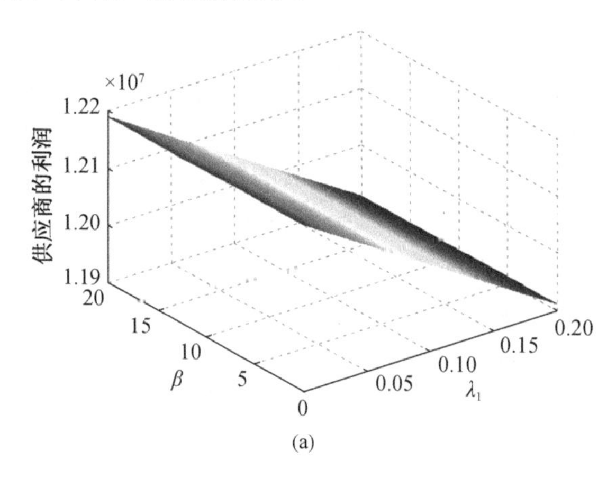

(a)

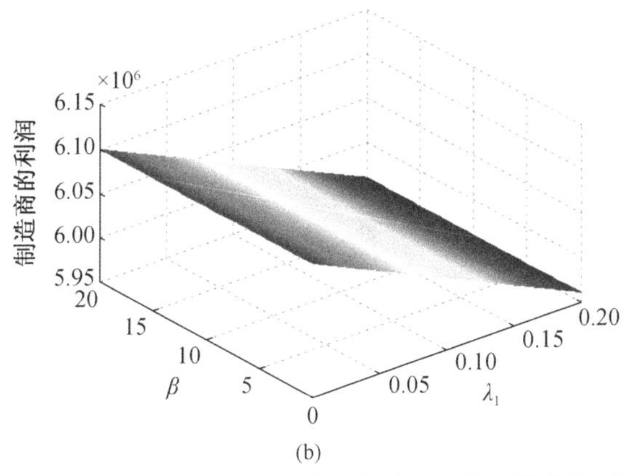

(b)

图 6-2　消费者低碳偏好和供应商碳政策强度对供应链成员利润的影响

(2) 碳排放转移率对供应商减排率和供应链成员利润的影响

碳排放转移率对分散决策和集中决策下供应链最优决策的影响见表 6-2。

由表 6-2 中第 2 列和第 7 列可知，在碳排放转移影响下，无论是分散决策还是集中决策，制造商的最优碳减排率都随着碳排放转移率的提高而提高，并且集中决策下的最优碳减排率始终高于分散决策下的最优碳减排率。由表 6-2 中其他列可知，随着制造商向供应商转移碳排放，一方面制造商降低了自身的成本，从而降低产品的市场价格，另一方面依靠供应商的减排技术，可以将供应链整体碳排放降低，从而提高产品的市场需求，使得供应商和制造商的利润都得到提高。而且可以看出，集中决策下供应链整体利润比分散决策下的利润更高。这是由于集中决策下供应商与制造商作为整体，共同对产品的价格和减排率进行决策，双方不再为产品的中间价格而博弈。制造商超出的碳排放直接转移给供应商，相当于制造商与供应商共享碳排放配额，这样无形中加大了供应商的减排潜力，供应商可以通过增加减排率来提高收益，产品减排率的提高可以增加产品市场需求，最终产品可以以更高的价格出售，使供应链整体利润得以提高。同时，供应链双方集中决策，更好地实现了供应链的协调，这与本章中结论 5 相一致。

表 6-2　碳转移率对分散决策和集中决策下供应链最优决策的影响

碳转移率	分散决策					集中决策		
t	θ^T	F^T	π_s^T	π_m^T	π_{sc}^T	π_{sc}^C	θ^C	p^C
0	0.014 849	814.852 6	13 701 015.69	6 856 020	20 557 035.8	0.029 722	629.407 1	27 424 098.22
0.01	0.014 886	814.851 9	13 701 070.74	6 856 075	20 557 145.95	0.029 796	629.404 1	27 424 318.80
0.02	0.014 923	814.851 1	13 701 125.93	6 856 130	20 557 256.38	0.029 871	629.401 1	27 424 539.92
0.03	0.014 96	814.850 4	13 701 181.26	6 856 186	20 557 367.09	0.029 945	629.398 1	27 424 761.60
0.04	0.014 997	814.849 7	13 701 236.73	6 856 241	20 557 478.07	0.030 019	629.395 1	27 424 983.83
0.05	0.015 034	814.848 9	13 701 292.33	6 856 297	20 557 589.32	0.030 094	629.392 1	27 425 206.61
0.06	0.015 071	814.848 2	13 701 348.07	6 856 353	20 557 700.85	0.030 168	629.389 1	27 425 429.95
0.07	0.015 109	814.847 4	13 701 403.95	6 856 409	20 557 812.65	0.030 242	629.386 1	27 425 653.84
0.08	0.015 146	814.846 7	13 701 459.97	6 856 465	20 557 924.74	0.030 317	629.383 1	27 425 878.28
0.09	0.015 183	814.845 9	13 701 516.12	6 856 521	20 558 037.09	0.030 391	629.380 0	27 426 103.28
0.10	0.015 220	814.845 1	13 701 572.42	6 856 577	20 558 149.72	0.030 465	629.377 0	27 426 328.83
0.11	0.015 257	814.844 4	13 701 628.85	6 856 634	20 558 262.63	0.030 540	629.373 9	27 426 554.93
0.12	0.015 294	814.843 6	13 701 685.41	6 856 690	20 558 375.81	0.030 614	629.370 9	27 426 781.59

续表

碳转移率	分散决策					集中决策		
t	θ^T	P^T	π_s^T	π_m^T	π_{sc}^T	π_{sc}^C	θ^C	p^C
0.13	0.015 331	814.842 9	13 701 742.12	6 856 747	20 558 489.27	0.030 689	629.367 8	27 427 008.80
0.14	0.015 368	814.842 1	13 701 798.96	6 856 804	20 558 603.01	0.030 763	629.364 7	27 427 236.56
0.15	0.015 405	814.841 3	13 701 855.94	6 856 861	20 558 717.02	0.030 837	629.361 7	27 427 464.87
0.16	0.015 442	814.840 6	13 701 913.06	6 856 918	20 558 831.30	0.030 912	629.358 6	27 427 693.74
0.17	0.015 480	814.839 8	13 701 970.32	6 856 976	20 558 945.86	0.030 986	629.355 5	27 427 923.16
0.18	0.015 517	814.839 0	13 702 027.71	6 857 033	20 559 060.70	0.031 061	629.352 4	27 428 153.14
0.19	0.015 554	814.838 2	13 702 085.24	6 857 091	20 559 175.81	0.031 135	629.349 3	27 428 383.67
0.20	0.015 591	814.837 5	13 702 142.91	6 857 148	20 559 291.2	0.031 209	629.346 2	27 428 614.75

6.2 竞争关系

前面研究了由单个制造商和单个供应商组成的两级供应链中,考虑碳排放转移影响的供应链企业减排问题,本部分将供应链扩展为由 2 个竞争性制造商和 1 个占主导地位的供应商组成的两级供应链。在上述研究基础上,本部分引入横向企业间竞争关系,探究在碳排放转移影响下供应链企业的最优减排策略。

6.2.1 问题描述与模型假设

本节以由单一供应商和双制造商组成的两级供应链为研究对象,制造商和供应商受碳交易规制约束。供应商进行碳减排技术投入,同时向 2 个制造商供应同质产品,决定单位产品减排量 θ 和批发价格 W,制造商则决定各自产品的市场价格 P_i($i=1,2$,分别表示制造商 1 和制造商 2)。此时一个制造商凭借其在供应链中的主体地位,将自身多余的碳排放向供应商转移,将其称之为制造商 1,另一个制造商并未实施碳排放转移,将其称之为制造商 2,而供应商为了保证市场需求,选择接收来自制造商的碳排放转移。对于供应链中的 3 个企业,上下游之间可以采取合作的方式,集中决策实现供应链纵向一体化;也可以采取非合作的方式,进行分散决策。而在上下游企业分散决策的情况下,供应商与 2 个制造商之间进行 Stackelberg 非合作博弈,供应商作为主导者,2 个制造商作为跟随者,此时制造商和供应商之间的博弈按以下 2 个阶段顺序进行:① 供应商决定单位产品减排量 θ 和批发价格 W;② 2 个制造商决定产品的市场价格。但此时由于制造商之间存在竞争关系,2 个制造商会采取不同的策略。本章主要研究以下 2 种策略:① 2 个制造商共同决策产品的市场价格;② 2 个制造商单独决策产品的市场价格(图 6-3)。

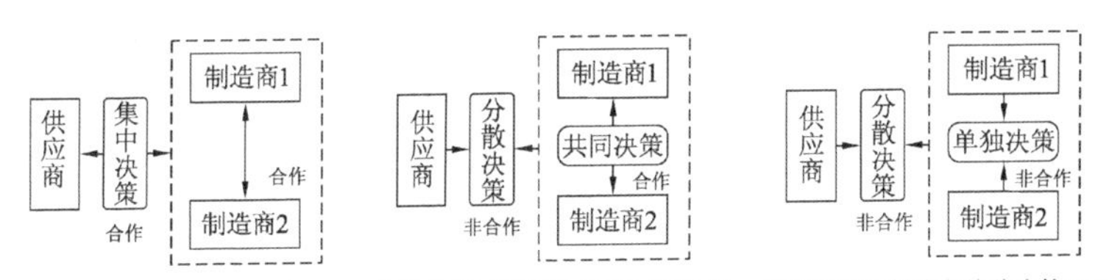

图 6-3　供应链 3 种决策情境

为了使研究更具有现实针对性和理论科学性，结合具体情况做了如下相关假设，以便于计算：

假设 1　供应商与制造商都是风险中性的理性决策者，且信息完全对称。

假设 2　由于竞争关系的存在，产品市场需求同时受 2 个制造商的产品市场价格的影响。2 个制造商的市场需求分别为 $q_1=a-P_1+rP_2$，$q_2=a-P_2+rP_1$。其中，a 为考虑市场价格影响后的制造商的潜在市场需求规模；r 为制造商之间的竞争程度，r 越大则制造商竞争越激烈。本章假定 $r<1$，即制造商的产品销量主要受自己的市场价格的影响。

假设 3　对于减排企业，若政府规定的碳政策过于严格，企业减排后碳排放仍旧超出规定的碳限额，此时会给企业带来消极影响；若政府的碳政策强度过于宽松，则不能更好地促进企业减排。在政府与减排企业的长期博弈中，最优的碳政策强度应该处于一种稳健状态(程永伟 等，2017)，因此本章假设，此时政府对于供应商的碳政策强度已经处于一种稳健状态，即供应商的碳配额正好满足自己的生产需求。

假设 4　减排投资成本在其自然属性上被认为是二次的，即减排成本为$\frac{1}{2}k\theta^2$，其中 k 为减排投资成本系数，θ 为企业减排率。

假设 5　企业的生产成本为固定成本，不受企业减排行为的影响。为简化分析，供应商与 2 个制造商均以单位生产成本 C 为基准进行产品价格和批发价格决策，不失一般性，令 $C=0$。

假设 6　消费者具有低碳消费偏好，更倾向于购买低碳产品，愿意为低碳产品支付更高的价格。

基于以上假设,本章中相关符号及其含义见表 6-3。

表 6-3 相关符号说明

符号	含义
λ_2	制造商面临的碳政策强度($0<\lambda_2<1$)
a	制造商的潜在市场需求
r	制造商间竞争激烈强度
e_2	制造商单位产品初始碳排放量
P_c	碳交易价格
k	减排投资成本系数
θ	供应商的减排率
W	产品的批发价格
P_1,P_2	制造商 1 和制造商 2 的产品销售价格
q_1,q_2	制造商 1 和制造商 2 的产品市场需求
η	消费者愿意为低碳产品支付的额外价格
t	制造商 1 的碳排放转移率

6.2.2 模型构建与求解分析

(1) 供应商与制造商集中决策(CC)

在集中决策下,供应链中供应商与 2 个制造商共同合作,此时它们纵向集合为一体,批发价格仅仅为内部价格,不影响供应链整体利润,并且共同决策产品的市场价格,产品的市场需求不受竞争关系的影响,$q=a-P$。供应链各成员共同对产品的碳减排率和市场价格做决策。集中决策下供应链决策结构如图 6-4 所示。

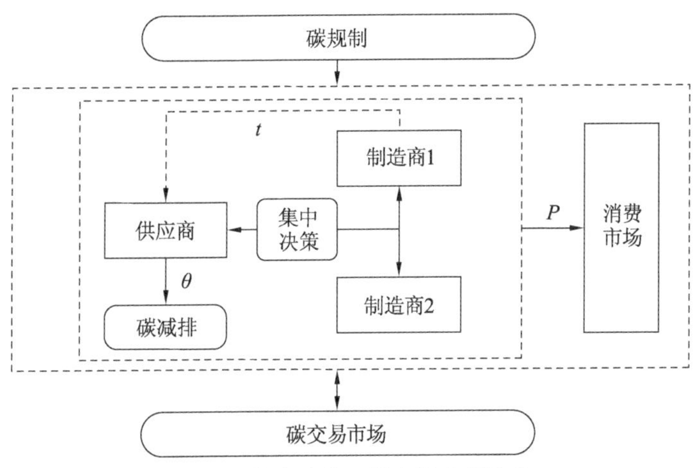

图 6-4　集中决策下供应链决策结构

此时供应链整体利润为

$$\Pi_{SC}=(P+\eta\theta-\lambda_2 e_2 P_c)q-\frac{1}{2}k\theta^2 \tag{6-31}$$

通过 Stackelberg 逆向求解，可以得到供应链的最优决策为

$$\theta^{CC}=\frac{\eta(a-\lambda_2 e_2 P_c)}{2k-\eta^2} \tag{6-32}$$

$$P^{CC}=a-\frac{k(a-\lambda_2 e_2 P_c)}{2k-\eta^2} \tag{6-33}$$

将式(6-32)、式(6-33)代入供应链利润函数中，可以得到供应商与制造商集中决策下的供应链最优利润为

$$\Pi_{SC}^{CC}=\frac{k(a-\lambda_2 e_2 P_c)^2}{2(2k-\eta^2)} \tag{6-34}$$

(2) 分散决策下制造商共同决策(DC)

在制造商共同决策情况下，2 个竞争制造商被横向集合为一体。首先，供应商作为主导者，优先决定产品的单位减排率和批发价格，然后 2 个制造商作为跟随者决定产品的市场价格，但此时 2 个竞争的制造商都意识到他们之间是互相依赖的关系，为了实现消费市场总利润最大化的目标而联盟，共同决策产品的市场价格。制造商共同决策下供应链决策结构如图 6-5 所示。

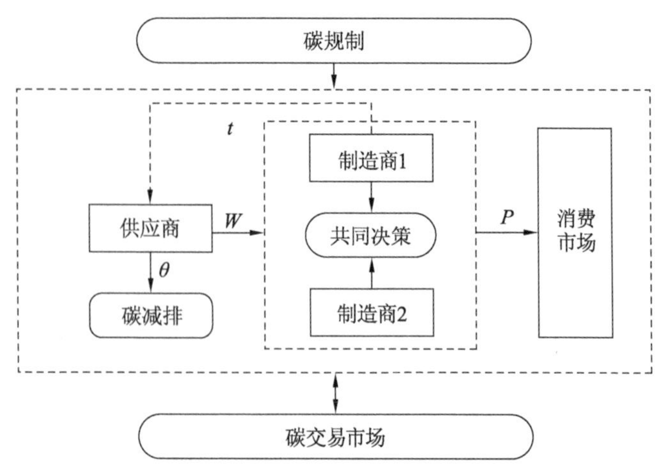

图 6-5 制造商共同决策下供应链决策结构

此时,2 个制造商结成同盟,共同决策产品的市场价格 P,产品的市场需求不受竞争关系的影响,$q=a-P$,因此,制造商与供应商联盟的利润函数分别为

$$\Pi_m=(P+\eta\theta-W)q-(\lambda_2-t)e_2P_cq \tag{6-35}$$

$$\Pi_s=Wq-te_2P_cq-\frac{1}{2}k\theta^2 \tag{6-36}$$

首先在第二阶段,在给定供应商单位产品减排量和批发价格的情况下,2 个制造商共同决定其产品价格 P。式(6-35)对 P 求二阶导数$\frac{\partial^2\Pi_m}{\partial P^2}<0$,存在极大值,因此令一阶导数$\frac{\partial\Pi_m}{\partial P}=0$,可以得到

$$P=\frac{a+\eta\theta+W+\lambda_2e_2P_c-te_2P_c}{2} \tag{6-37}$$

将式(6-37)代入供应商的利润函数式(6-36),可以得到供应商利润函数为

$$\Pi_s=(W-te_2P_c)(\frac{a+\eta\theta-W-\lambda_2e_2P_c+te_2P_c}{2})-\frac{1}{2}k\theta^2 \tag{6-38}$$

然后在第一阶段,供应商作为主导者,以自身利益最大化为目标,决定其单位产品减排率和产品的批发价格。式(6-38)分别对 θ

和 W 求偏导，可以得到

$$\frac{\partial \Pi_s}{\partial \theta}=\frac{\eta(W-te_2P_c)}{2}-k\theta \tag{6-39}$$

$$\frac{\partial \Pi_s}{\partial W}=\frac{a+\eta\theta-W-\lambda_2e_2P_c+te_2P_c}{2}-\frac{W-te_2P_c}{2} \tag{6-40}$$

因此，海塞矩阵 $\boldsymbol{H}(\theta,W)$ 为

$$\boldsymbol{H}(\theta,W)=\begin{bmatrix}\dfrac{\partial^2\pi_s}{\partial W^2} & \dfrac{\partial^2\pi_s}{\partial W\partial\theta}\\ \dfrac{\partial^2\pi_s}{\partial\theta\partial W} & \dfrac{\partial^2\pi_s}{\partial\theta^2}\end{bmatrix}=\begin{bmatrix}-1 & \dfrac{\eta}{2}\\ \dfrac{\eta}{2} & -k\end{bmatrix} \tag{6-41}$$

令 $4k>\eta^2$，可得 $\boldsymbol{H}(\theta,W)$ 为半负定矩阵，联立式(6-39)、式(6-40)可得供应商的最优决策为

$$\theta^{DC}=\frac{\eta(a-\lambda_2e_2P_c)}{4k-\eta^2} \tag{6-42}$$

$$W^{DC}=\frac{2k(a-\lambda_2e_2P_c)}{4k-\eta^2}+te_2P_c \tag{6-43}$$

将式(6-42)、式(6-43)代入式(6-37)，可以得到制造商联盟的最优决策为

$$P^{DC}=\frac{(3k-\eta^2)(a-\lambda_2e_2P_c)}{4k-\eta^2} \tag{6-44}$$

结论1　当2个制造商结成合作联盟时，相较于分散决策，供应商与制造商进行集中决策可以提高供应商的减排量，降低产品的市场价格。

证明：通过比较供应链集中决策和分散决策下制造商共同决策2种情形下的供应链成员最优决策，可以得到

$$\theta^{CC}-\theta^{DC}=\frac{2k\eta(a-\lambda_2e_2P_c)}{(4k-\eta^2)(2k-\eta^2)}>0$$

$$P^{CC}-P^{DC}=\lambda_2e_2P_c-\frac{2k^2(a-\lambda_2e_2P_c)}{(4k-\eta^2)(2k-\eta^2)}<0$$

从结论1可以看出，当2个制造商结成合作联盟时，2个制造商横向一体化，共同对产品的市场价格进行决策，此时供应链可以看作供应商与制造商联盟组成的二级供应链，集中决策下一方面

产品的批发价格内部化,上下游企业不再为批发价格进行博弈;另一方面碳排放转移内部化,可以更好地整合供应链整体碳资源,从而提高供应链整体绩效。

(3) 分散决策下制造商单独决策(DD)

在制造商分别独立决策情况下,仍旧是供应商作为主导者,优先决定产品的单位减排率和批发价格,然后 2 个制造商作为跟随者决定产品的市场价格,但此时 2 个制造商会分别以自身利益最大化决定各自的产品价格。制造商单独决策下供应链决策结构如图 6-6 所示。

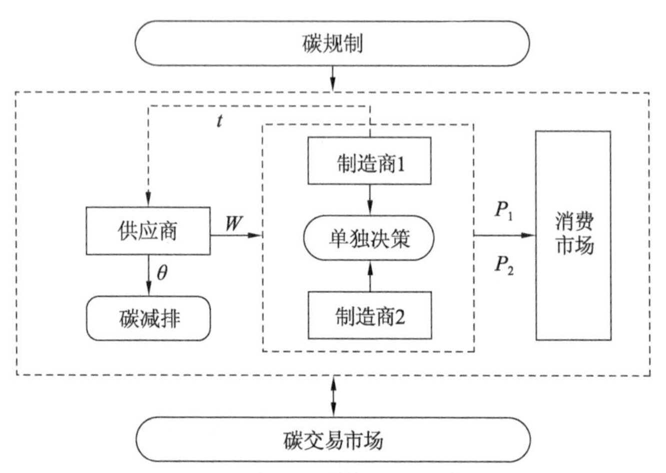

图 6-6　制造商单独决策下供应链决策结构

首先在第二阶段,在给定供应商单位产品减排量和批发价格确定的情况下,2 个制造商分别同时决定其产品价格,其目标函数如下:

$$\Pi_{m1}=(P_1+\eta\theta-W)q_1-(\lambda_2-t)e_2P_cq_1 \tag{6-45}$$

$$\Pi_{m2}=(P_2+\eta\theta-W)q_2-\lambda_2e_2P_cq_2 \tag{6-46}$$

结论 2　制造商单独决策情况下,制造商 1 的市场价格始终要低于制造商 2 的市场价格。

2 个制造商的产品市场价格分别为

$$P_1=\frac{a-\eta\theta+W+\lambda_2 e_2 P_c}{2-r}-\frac{2}{4-r^2}te_2 P_c$$

$$P_2=\frac{a-\eta\theta+W+\lambda_2 e_2 P_c}{2-r}-\frac{r}{4-r^2}te_2 P_c$$

证明:此时2个制造商分别以自身利益最大化进行定价,式(6-45)、式(6-46)分别对 P_1,P_2 求导,可得:

$$\frac{\partial \Pi_{m1}}{\partial P_1}=a-2P_1+rP_2-\eta\theta+W+\lambda_2 e_2 P_c-te_2 P_c \tag{6-47}$$

$$\frac{\partial \Pi_{m2}}{\partial P_2}=a-2P_2+rP_1-\eta\theta+W+\lambda_2 e_2 P_c \tag{6-48}$$

因此,海塞矩阵 $\boldsymbol{H}(P_1,P_2)$ 为

$$\boldsymbol{H}(P_1,P_2)=\begin{bmatrix}\frac{\partial^2 \pi_s}{\partial P_1^2} & \frac{\partial^2 \pi_s}{\partial P_1 \partial P_2}\\ \frac{\partial^2 \pi_s}{\partial P_2 \partial P_1} & \frac{\partial^2 \pi_s}{\partial P_2^2}\end{bmatrix}=\begin{bmatrix}-2 & r\\ r & -2\end{bmatrix} \tag{6-49}$$

令 $4>r^2$,可得 $\boldsymbol{H}(P_1,P_2)$ 为半负定矩阵,联立式(6-47)、式(6-48)可得2个制造商的批发价格为

$$P_1^{DD}=\frac{a-\eta\theta+W+\lambda_2 e_2 P_c}{2-r}-\frac{2}{4-r^2}te_2 P_c \tag{6-50}$$

$$P_2^{DD}=\frac{a-\eta\theta+W+\lambda_2 e_2 P_c}{2-r}-\frac{r}{4-r^2}te_2 P_c \tag{6-51}$$

由结论2可以看出,制造商1通过碳排放转移,降低了自身的成本,从而可以以较低的市场价格参与市场竞争,在市场中占据优势。通过比较可以得到2个制造商的产品价格差价为 $\Delta P=\frac{te_2 P_c}{2+r}$,分别对 r 和 t 求偏导可以得到 $\frac{\partial \Delta P}{\partial r}<0$,$\frac{\partial \Delta P}{\partial t}>0$,因此可以得到结论3。

结论3　制造商1转移的碳排放量 t 越大,可以获得的竞争优势越大,但这种竞争优势随着竞争激烈程度 r 的提高而减弱。

由结论2和结论3可以看出,制造商1通过碳排放转移可以降低自身的成本,从而降低自身的产品价格,这与上一章中得到的结

论相对应。制造商 1 的产品价格始终要低于制造商 2，在竞争关系中占据一定的价格优势，但这种价格优势与碳排放转移量正相关，与制造商竞争激烈程度负相关。

在第一阶段，供应商以自身利润最大化为期望，决定单位产品减排量 θ 和批发价格 W，其利润函数为

$$\Pi_s = W(q_1 + q_2) - te_2 P_c q_1 - \frac{1}{2}k\theta^2 \tag{6-52}$$

将 2 个制造商的最优决策式(6-50)、式(6-51)代入供应商利润函数式(6-52)，并分别对 θ 和 W 求偏导，可以得到：

$$\frac{\partial \Pi_s}{\partial \theta} = (2W - te_2 P_c)\frac{1-r}{2-r}\eta - k\theta \tag{6-53}$$

$$\frac{\partial \Pi_s}{\partial W} = 2[a - \frac{1-r}{2-r}(a - \eta\theta + W + \lambda_2 e_2 P_c - \frac{1}{2}te_2 P_c) - \frac{1-r}{2-r}(2W - te_2 P_c)] \tag{6-54}$$

因此，海塞矩阵 $\boldsymbol{H}(\theta,W)$ 为

$$\boldsymbol{H}(\theta,W) = \begin{bmatrix} \dfrac{\partial^2 \pi_s}{\partial W^2} & \dfrac{\partial^2 \pi_s}{\partial W \partial \theta} \\ \dfrac{\partial^2 \pi_s}{\partial \theta \partial W} & \dfrac{\partial^2 \pi_s}{\partial \theta^2} \end{bmatrix} = \begin{bmatrix} -\dfrac{4(1-r)}{2-r} & \dfrac{2\eta(1-r)}{2-r} \\ \dfrac{2\eta(1-r)}{2-r} & -k \end{bmatrix} \tag{6-55}$$

令 $4k\dfrac{2-r}{1-r} > \eta^2$，可得 $\boldsymbol{H}(\theta,W)$ 为半负定矩阵，联立式(6-53)、式(6-54)可得供应商的最优决策为

$$\theta^{DD} = \frac{\eta[a-(1-r)\lambda_2 e_2 P_c]}{k(2-r)-\eta^2(1-r)} \tag{6-56}$$

$$W^{DD} = \frac{k(2-r)[a-(1-r)\lambda_2 e_2 P_c]}{2(1-r)[k(2-r)-\eta^2(1-r)]} + \frac{1}{2}te_2 P_c \tag{6-57}$$

结论 4 供应商的单位产品减排率与碳排放转移率 t 不相关，与制造商竞争激烈程度 r 正相关。

证明：$\theta = \dfrac{\eta[a-(1-r)\lambda_2 e_2 P_c]}{k(2-r)-\eta^2(1-r)}$ 对 r 求导可以得到 $\dfrac{\partial \theta}{\partial r} =$

$\dfrac{k\lambda_2 e_2 P_c+(k-\eta^2)a}{[(\eta^2-k)r+2k-\eta^2]^2}>0$。

结论 5　供应商的批发价格随碳排放转移的增加而增加，且制造商分别决策时，批发价格的增加量只有制造商共同决策时的一半。

证明：将式(6-43)、式(6-57)中制造商共同决策和分别决策时的最优批发价格对碳排放转移率 t 求导，可以得到$\dfrac{\partial W^{DC}}{\partial t}=e_2 P_c>0$，$\dfrac{\partial W^{DD}}{\partial t}=\dfrac{1}{2}e_2 P_c>0$。

由结论 4 和结论 5 可以看出，在制造商单独决策的情况下，供应商的减排率受到制造商之间竞争关系的影响，随着制造商间竞争关系的增强，竞争者的产品价格对自身产品需求的影响程度变大，制造商们纷纷采取低价策略来寻求市场中的竞争优势，这种低价策略的压力迫使上游的减排供应商为了维持产品的需求，不得不提高减排率。同时，由于制造商 1 向供应商转移了碳排放，将自身超出的碳排放成本转移到上游的供应商，供应商的碳排放率并未因为碳排放转移而降低(这里需要指出的是，第 5 章已证明了下游制造商向上游减排供应商转移碳排放时，供应商会提高减排率，但碳排放转移量相较于供应商初始单位碳排放而言微乎其微，其对供应商减排率的提高作用不显著。而本章假设此时政府对于供应商的碳政策强度已经处于一种稳健状态，因此本章中供应商的减排率并未受到制造商碳排放转移的影响)。供应商提高产品的批发价格以保证自身利润，当制造商组成联盟进行共同决策时，制造商每转移一单位的碳排放，供应商都会相应增加 $e_2 P_c$ 的批发价格，即制造商转移碳排放时只是降低了自身的碳排放，增加了供应商的碳排放，并未降低供应链整体碳排放，而供应商也通过提高批发价格的方式将这部分碳排放成本转移给了制造商。当制造商单独决策时，制造商 1 每转移一单位的碳排放，供应商都会相应增加 $\dfrac{1}{2}e_2 P_c$ 的批发价格，即制造商 1 将碳排放转移给供应商后，供应商通过提高批发价格的方式将这部分碳排放成本分别转移给了 2 个制造商，2 个制造商各承担了这部分碳排放成本的一半。

6.2.3 数值分析

为了更加直观地展示和验证本书中的结论，本节通过 Matlab 对相关参数之间的关系进行仿真。结合本书模型假设，并参考夏良杰等(2018)关于系数的设定，假定制造商的潜在市场需求 $a=30$，市场竞争激烈强度 $r=0.2$，消费者愿意为低碳产品支付的额外价格 $\eta=2$，碳交易价格 $P_c=12$，制造商的初始单位产品碳排放 $e_2=0.3$，碳政策强度 $\lambda_2=0.2$，减排投资成本系数 $k=100$。在上述参数设定下，研究碳排放转移率和制造商间竞争强度对供应链各成员的最优决策的影响。

由图 6-7 可以看出，在分散决策下，无论是制造商共同决策还是单独决策，碳排放转移对供应商的减排率都没有影响。相较于制造商共同决策的模式，制造商单独决策模式下的供应商减排率更高，并且制造商间竞争强度越高，供应商减排率的增强效果越显著，这也验证了本章中的结论 4。制造商转移碳排放给减排供应商，并没有促进供应商努力减排，只是将自身多余的碳排放转移给供应商，供应链整体碳排放并未减少。对于供应商，在接受碳排放转移后，会提高批发价格以保证自身利润，从图 6-8a 可以看出，随着碳排放转移率的增加，产品的批发价格在不断提高，而且制造商间竞争越激烈，产品的批发价格提高的幅度越大。特别地，当制造商间竞争较弱时，制造商单独决策下可以获得比共同决策时更低的产品批发价格；当制造商间竞争激烈时，制造商单独决策下的产品批发价格要高于共同决策时的产品批发价格。对于制造商，碳排放转移使得产品批发价格升高，为了保证自身利润，制造商 2 会相应提高自身的市场价格 P_2，而制造商 1 通过碳排放转移减少了自身碳排放成本，可以以更低的市场价格 P_1 参与市场竞争，这一点在图 6-8b 中可以看到。这是由于制造商将碳排放转移给供应商，致使供应商的碳排放量增加，但供应商将这部分成本以提高批发价格的方式转移给了 2 个制造商，即本应由制造商 1 承担的部分碳排放成本转嫁给了供应商和制造商 2。

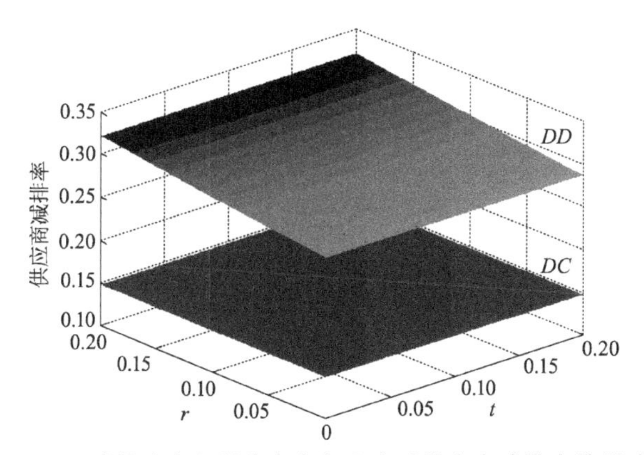

图 6-7　碳转移率和制造商竞争强度对供应商减排率的影响

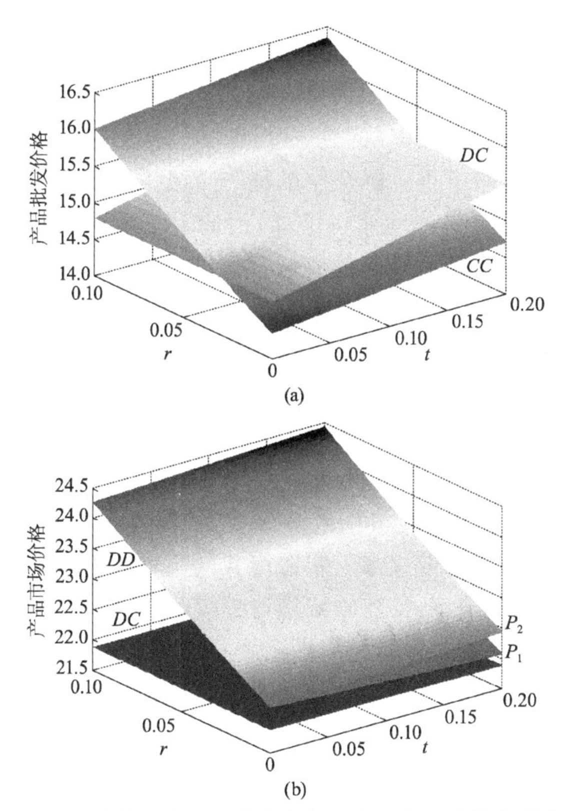

图 6-8　碳转移率和制造商竞争强度对产品价格的影响

6.3 本章小结

本章在碳规制和碳交易政策下,针对一个由单一减排供应商、单一制造商组成的二级供应链,分别在分散决策和集中决策下,构建减排博弈模型,研究了在无竞争环境下碳排放转移对供应链企业减排决策的影响。研究表明:① 对于减排供应商,过强的碳排放政策强度不一定会有效激励企业减排,提高消费者低碳意识和低碳观念,使低碳产品在市场上有更大的竞争力,才是有效激励企业进行减排、降低单位产品碳排放的良性策略。② 分散决策下,受供应链企业间碳排放转移的影响,产品的市场需求增加,单位产品的减排率提高,供应商和制造商的利润也得到相应增加,并且制造商因碳排放转移而增加的利润高于供应商增加的利润,更加加深了低碳供应链中的“搭便车”问题。③ 碳排放转移影响下,与分散决策相比,集中决策下供应链企业单位产品减排率更高,产品的市场价格越高,供应链整体利润也增加,因此上下游企业间集中决策、联合减排,可以更好地提高供应链整体绩效。④ 在碳排放转移影响下,上游企业面临的最优碳政策强度提高,在集中决策下,最优碳政策强度的提高更加显著。因此,对于上游减排企业,政府应该制定较为严格的碳政策强度。政府在制定相应碳政策时,若不考虑碳排放转移的影响,对上游减排企业的调控效果无法达到最优效果。

在充分考虑了供应链中的竞争关系下,本章分别在供应商与制造商集中决策、分散决策下制造商共同决策、分散决策下制造商单独决策 3 种情形下,构建碳减排博弈模型,研究了制造商间竞争强度和碳排放转移对供应链企业的影响。研究表明:① 当 2 个制造商结成合作联盟时,相较于分散决策,供应商与制造商在集中决策下,产品的批发价格内部化,碳排放转移内部化,供应商的减排率提高,产品的市场价格降低。② 无论哪种情形下,供应商的减排率都不会受到碳排放转移的影响,但是供应商的减排率与制造商间竞争激烈程度正相关。制造商之间的竞争有助于上游供应商提高其减排率。③ 供应链间碳排放转移并不能减少供应链整体碳排放量,制造商只是将碳排放转移给上游供应商,而这部分碳排放成本又以提高批发价格的方式转移给供应链中的制造商。因此制造商向供应商转移碳排放时,会使其竞争者承担部分碳排放的成本,致使自身市场价格降低,竞争者的市场价格提高,从而享有一定的竞争优势。

第7章　碳排放转移环境下供应链网络均衡决策

本章在前面研究的基础上，将供应链视为一个网络整体，在市场需求确定和市场需求不确定2种情境下，将碳排放转移纳入供应链超网络结构中，研究碳排放转移影响下的供应链网络均衡策略。本章首先以供应商碳配额不足、制造商碳配额富余、零售商碳配额富余情境下的供应链网络为研究对象，深入剖析需求确定下三级供应链企业间超网络均衡策略；其次，考虑到现实中有可能出现供应商碳配额富余、制造商碳配额富余、零售商碳配额不足逆向碳排放转移流向问题，为此，本章接着分析考虑碳排放转移影响的需求不确定型逆向三级供应链企业间超网络均衡决策问题；最后，通过算例分析验证本章的研究结论。

7.1　需求确定情境

基于前2章基本概念的界定和理论基础，本部分以超网络理论和纳什均衡理论为指导，在供应商碳配额不足、制造商碳配额富余、零售商碳配额富余情境下，通过考虑碳排放转移影响的供应链超网络均衡模型，应用变分不等式及修正投影算法分别对供应商、制造商、零售商及超网络整体均衡进行求解，并提炼出供应链主体企业的最优决策行为。

7.1.1　模型构建与相关假设

(1) 模型构建

由于供应链是一个复杂的网络，若再考虑供应链企业间碳排放转移的影响，则这将是一个具有多重网络结构特征的超网络结构体系。为此，本部分将在 Nagurney(2006)、Dong 等(2004)超网络基本模型的基础上，将供应链企业间碳排放转移纳入该超网络基本模型中，构建具有碳排放转移影响的供应链超网络模型。该网络模型结构如图 7-1 所示。

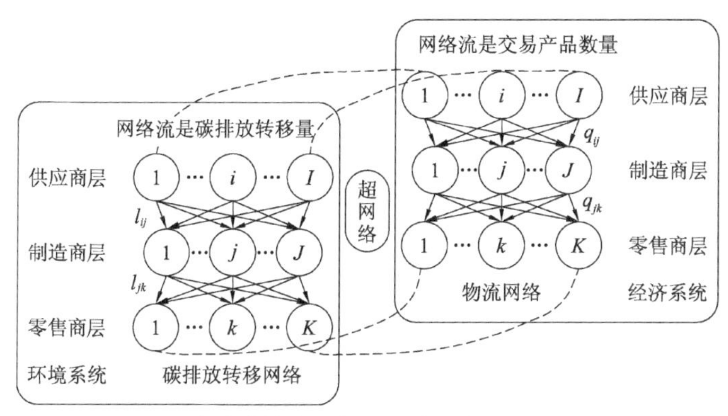

图 7-1　碳排放转移环境下供应链超网络模型结构

图 7-1 中的供应链超网络结构包含 3 层——I 个供应商、J 个制造商和 K 个零售商。其中，第一层为原材料的供应市场，由 I 个相互之间存在着竞争关系的供应商组成；第二层为产品的制造市场，由 J 个生产同种产品且相互间存在着竞争关系的制造商组成；第三层为产品的零售市场，由 K 个以非合作关系的方式销售同种产品的零售商组成。图中的网络流用相互交叉且不重合的实线表示，彼此之间潜在的相互影响关系则用虚线来呈现。

图 7-1 中经济系统中的物流网络是供应链产品的交易过程，反映的是不同主体在同层级间的竞争、不同层级间的合作关系。如某个供应商 i 通过市场竞争，将数量 q_{ij} 的原材料产品供应给制造商，经过生产，制造商 j 将 q_{jk} 个产成品交由下游某零售商 k 到市场中销售。图中环境系统则是伴随着产品交易网络而形成的碳排放转移的网络流，如供应商 i 将原材料运输至制造商 j，制造商 j 再将产品运送到零售商 k 的过程中所发生的碳排放转移量。

(2) 相关假设

基于图 7-1 所示供应链超网络模型结构，本部分将通过构建超网络模型来研究碳排放转移影响下供应链企业间最优运营行为。为此,需先分别确定供应商、制造商和零售商的最优决策目标,再给出整体网络系统在碳排放转移条件下的均衡条件。为满足上述研究需要,模型的构建需满足以下假设:

假设 1 各供应商、制造商、零售商之间交易的所有产品类型相同、没有差别且是可替换的。

假设 2 碳排放未转移的部分由供应链上游企业负责承担成本,转移的部分由供应链下游企业负责承担成本。

假设 3 供应商的碳排放量超出了政府规定的碳配额,制造商和零售商的碳排放量低于政府规定的碳配额,即碳排放转移的方向是由供应商往制造商、制造商往零售商转移。

假设 4 模型中涉及的成本函数和生产函数均假定其为连续且可微的凸函数。

假设 5 供应商的生产是按制造商的需求所定,即供应商提供给各制造商的产品总量与供应商的供应总量相等;制造商按供应商的供应量发货,即制造商从供应商处获取产品的总量与分发给各零售商的产品总量相等。

7.1.2 供应链网络各层决策行为及均衡条件

(1) 供应商的运营行为及优化条件

供应商的运营行为主要是在供应链网络中供应商给制造商供应原材料的过程中产生的。其具体过程如下:供应商 i 将数量为 q_{ij} 的产品以价格 p_{ij} 提供给制造商 j,所获取的收益总额为 $p_{ij}q_{ij}$。其中所发生的成本主要包括:① 供应商 i 的生产成本 $c_{ij}(q_{ij})$;② 供应商 i 在与制造商 j 发生交易过程中所产生的交易成本 $b_{ij}(q_{ij})$;③ 供应商发生碳排放转移时所需承担的碳减排成本 $(1-T)e_{ij}$,其中 e_{ij} 为供应商 i 与制造商 j 交易产品 q_{ij} 产生的碳减排成本,T 表示碳排放转移率。A_i 表示政府部门给供应商 i 设定的碳配额,α_{ij} 为供应商 i 与制造商 j 进行产品交易的碳排放系数。依据模型假设 2,供应商 i 在考虑其利润最大化情形下的目标函数为

$$\max profit = \sum_{j=1}^{J} p_{ij}q_{ij} - \sum_{j=1}^{J} c_{ij}(q_{ij}) - \sum_{j=1}^{J} b_{ij}(q_{ij}) - \sum_{j=1}^{J}(1-T)e_{ij}$$

$$\text{s. t.} \qquad q_{ij} \geqslant 0$$

$$A_i - q_{ij}\alpha_{ij} \leqslant 0 \tag{7-1}$$

依据假设 3，式(7-1)表示在供应商利益最大化条件下，供应商在提供给制造商的产品数量和价格分别为 q_{ij} 和 p_{ij}、政府的碳配额为 A_i 时，供应商只有在向制造商转移 $T\alpha_{ij}q_{ij}$ 碳排放量才能满足政府碳配额的要求。因此，依据假设 4，假设在碳排放转移环境下，供应链网络中供应商的最优运营策略是 q_{ij}^*，则依据进化变分不等式理论，式(7-1)可转化成以下变分不等式：

$$\sum_{i=1}^{I}\sum_{j=1}^{J}\left[\frac{\partial c_{ij}(q_{ij})}{\partial q_{ij}} + \frac{\partial b_{ij}(q_{ij})}{\partial q_{ij}} + \frac{\partial(1-T)e_{ij}}{\partial q_{ij}} - p_{ij}\right](q_{ij} - q_{ij}^*) \geqslant 0 \tag{7-2}$$

(2) 制造商的运营行为及优化条件

制造商的运营行为主要是在供应链网络中制造商接受供应商供应原材料和提供产品给零售商的过程中产生的。其具体过程如下：制造商 j 接受供应商 i 提供的数量为 q_{ij}、产品价格为 p_{ij} 的原材料，制造商 j 将数量为 q_{jk} 的产品以价格 p_{jk} 提供给零售商 k，所获取的收益总额为 $p_{jk}q_{jk}$。其中所发生的成本主要包括：① 制造商 j 从供应商 i 获取原材料的成本 $p_{ij}q_{ij}$；② 制造商 j 与零售商 k 交易过程中所产生的交易成本 $b_{jk}(q_{jk})$；③ 制造商接受来自供应商 i 的碳排放转移时所承担的碳减排成本 Te_{ij}，其中 e_{ij} 为供应商 i 与制造商 j 交易产品 q_{ij} 产生的碳减排成本；④ 制造商发生碳排放转移时所需承担的碳减排成本 $(1-T)e_{jk}$，其中 e_{jk} 为制造商 j 与零售商 k 交易产品 q_{jk} 产生的碳减排成本，T 表示碳排放转移率。A_j 表示政府部门给制造商 j 设定的碳配额，α_{jk} 为制造商 j 与零售商 k 进行产品交易的碳排放系数。依据模型假设 2，制造商 j 在考虑其利润最大化情形下的决策模型为

$$\max profit = \sum_{k=1}^{K} p_{jk}q_{jk} - \sum_{i=1}^{I} p_{ij}q_{ij} - \sum_{k=1}^{K} b_{jk}(q_{jk}) - \sum_{k=1}^{K}(1-T)e_{jk} - \sum_{i=1}^{I} Te_{ij}$$

$$\text{s. t.} \qquad q_{ij} \geqslant 0$$

$$q_{jk} \geqslant 0$$

$$A_j - \alpha_{jk} q_{jk} \geqslant 0 \tag{7-3}$$

依据假设 3，式(7-3)表示在制造商利益最大化条件下，制造商在提供给零售商的产品数量和价格分别为 q_{jk} 和 p_{jk}、政府的碳配额为 A_j 时，制造商只有在接受供应商转移的 $T\alpha_{ij} q_{ij}$ 碳排放量和向零售商转移 $T\alpha_{jk} q_{jk}$ 碳排放量才能满足政府碳配额的要求。因此，依据假设 4，假设在碳排放转移环境下，供应链网络中制造商的最优运营策略是 q_{jk}^*，λ 为制造商关于约束条件 $A_j - \alpha_{jk} q_{jk} \geqslant 0$ 成立的 Lagrange乘子，则依据进化变分不等式理论，式(7-3)可转化成以下变分不等式：

$$\sum_{i=1}^{I} \sum_{j=1}^{J} \left(p_{ij} + \frac{\partial Te_{ij}}{\partial q_{ij}} - \lambda\right)(q_{ij} - q_{ij}^*) + \sum_{j=1}^{J} \sum_{k=1}^{K} \left[\frac{\partial b_{jk}(q_{jk})}{\partial q_{jk}} + \frac{\partial (1-T) e_{jk}}{\partial q_{jk}} + Te_{ij} - p_{jk} + \lambda\right](q_{jk} - q_{jk}^*) + \left(\sum_{i=1}^{I} \sum_{j=1}^{J} q_{ij}^* - \sum_{j=1}^{J} \sum_{k=1}^{K} q_{jk}^*\right)(\lambda - \lambda^*) \geqslant 0 \tag{7-4}$$

(3) 零售商的运营行为及优化条件

由于 d_k 为零售商对产品的需求数量，用一个目标最优来刻画它具体的决策行为会显得比较困难。零售商为了保证自己的利益，更倾向于从相互比较的角度去选择最优产品，因此可以参考交通网络均衡中所提到的用户最优选择行为进行分析，其具体零售商 k 决策模型为

$$\begin{gathered}
\sum_{j=1}^{J} p_{jk} + \sum_{j=1}^{J} b_{jk}(q_{jk}) + \sum_{j=1}^{J} Te_{jk} = p_k^*, q_{jk}^* > 0 \\
\sum_{j=1}^{J} p_{jk} + \sum_{j=1}^{J} b_{jk}(q_{jk}) + \sum_{j=1}^{J} Te_{jk} \geqslant p_k^*, q_{jk}^* \leqslant 0 \\
d_k^* = \sum_{j=1}^{J} q_{jk}^*, p_k^* > 0 \\
d_k^* \leqslant \sum_{j=1}^{J} q_{jk}^*, p_k^* = 0 \\
\text{s.t.} \quad A_k - \alpha_{jk} q_{jk} \geqslant 0
\end{gathered} \tag{7-5}$$

式中，$p_k^* = p_{jk}^*$。式(7-5)表示，在均衡状态下，如果零售商愿意为

制造商 j 支付一定价格($p_k^*>0$)，则产品的供给与需求就刚好相一致；否则零售商就不愿为产品去支付费用($p_k^*=0$)。依据进化变分不等式理论，式(7-5)可转化成以下变分不等式：

$$[\sum_{j=1}^{J}\sum_{k=1}^{K}\frac{\partial b_{jk}(q_{jk})}{\partial q_{jk}}+\sum_{j=1}^{J}\sum_{k=1}^{K}\frac{\partial Te_{jk}}{\partial q_{jk}}](q_{jk}-q_{jk}^*)+$$
$$\sum_{j=1}^{J}\sum_{k=1}^{K}(q_{jk}^*-d_k^*)(p_k-p_k^*)\geqslant 0 \tag{7-6}$$

7.1.3　供应链超网络均衡条件

对于整个供应链超网络而言，要达到整体网络的均衡，就要保证网络中各层成员的利益均达到最大化，因此，供应商与制造商之间、制造商与零售商之间均要在满足各自最优条件的前提下进行产品交易，故超网络均衡应同时使供应市场达到均衡[式(7-2)]、制造市场达到均衡[式(7-4)]、零售市场达到均衡[式(7-6)]。整个超网络的均衡可以通过将上述均衡条件相加得到以下变分不等式，最优解为($q_{ij}^*,q_{jk}^*,p_k^*,\lambda^*$)。

$$\sum_{i=1}^{I}\sum_{j=1}^{J}[\frac{\partial c_{ij}(q_{ij})}{\partial q_{ij}}+\frac{\partial b_{ij}(q_{ij})}{\partial q_{ij}}+\frac{\partial e_{ij}(1-T)}{\partial q_{ij}}-p_{ij}](q_{ij}-q_{ij}^*)+$$
$$\sum_{i=1}^{I}\sum_{j=1}^{J}(p_{ij}+\frac{\partial Te_{ij}}{\partial q_{ij}}+\lambda)(q_{ij}-q_{ij}^*)+\sum_{j=1}^{J}\sum_{k=1}^{K}[\frac{\partial b_{jk}(q_{jk})}{\partial q_{jk}}+\frac{\partial(1-T)e_{jk}}{\partial q_{jk}}+$$
$$\frac{\partial Te_{ij}}{\partial q_{ij}}-p_{jk}+\lambda](q_{jk}-q_{jk}^*)+(\sum_{i=1}^{I}\sum_{j=1}^{J}q_{ij}^*-\sum_{j=1}^{J}\sum_{k=1}^{K}q_{jk}^*)(\lambda-\lambda^*)+$$
$$[\sum_{j=1}^{J}\sum_{k=1}^{K}\frac{\partial b_{jk}(q_{jk})}{\partial q_{jk}}+\sum_{j=1}^{J}\sum_{k=1}^{K}\frac{\partial Te_{jk}}{\partial q_{jk}}](q_{jk}-q_{jk}^*)+$$
$$\sum_{j=1}^{J}\sum_{k=1}^{K}(q_{jk}^*-d_k^*)(p_k-p_k^*)\geqslant 0 \tag{7-7}$$

7.1.4　模型求解

采用修正投影算法对式(7-7)进行求解，修正投影算法与二次逼近的预测校正算法、拟牛顿算法相比，算法设计简单，能够对连续凸集上的变分不等式进行求解，并能获得包含 Lagrange 乘子的所有决策变量，因此能够满足式(7-7)的求解要求。修正投影算法的具体步骤如下：

步骤 1:初始化。设定初始值 $X^0 \in \boldsymbol{H}$,令迭代次数 $s=1$,收敛标准 $\varphi>0$ 及步长 $\alpha(0<\alpha<1/L)$,其中 L 是 Lipschitz 常数。

步骤 2:迭代计算。通过下列变分不等式求解 $\overline{X}^s$, $\langle(\overline{X}^s+\alpha F X^{s-1}-X^{s-1})^{\mathrm{T}}, X-\overline{X}^s\rangle \geqslant 0, \forall X \in \boldsymbol{H}$。

步骤 3:投影计算。通过下列变分不等式求解 X^s,$\langle(X^s+\alpha F\overline{X}^s-X^{s-1})^{\mathrm{T}}, X-X^s\rangle \geqslant 0, \forall X \in \boldsymbol{H}$。

步骤 4:收敛性保证。若 $\max|X^s-X^{s-1}| \leqslant \varphi$,则退出循环;否则 $s=s+1$,返回步骤 2。

7.2 需求不确定情境

本部分在上述研究的基础上,考虑了实际情况中市场需求的不确定性,以及由于市场需求的不确定性,导致供应链企业碳配额富余与不足情况的不确定性,从而让碳排放转移流向充满了不确定性,因此有出现逆向碳排放转移流向的可能性。因此,本部分构建了考虑碳排放转移的需求不确定型逆向供应链网络均衡模型,应用变分不等式及对数二次逼近的预测校正算法分别对供应商、制造商、零售商层及超网络整体均衡进行求解,并提炼出最优决策行为,为下部分的算例分析过程奠定基础。

7.2.1 模型构建与相关假设

(1) 模型构建

由于供应链是一个复杂的网络,若再考虑供应链企业间碳排放转移的影响,则这将是一个具有多重网络结构特征的超网络结构体系。为此,本书将在 Nagurney(2002)、Dong(2004)等超网络基本模型基础上,将供应链企业间碳排放转移纳入该超网络基本模型中,构建具有碳排放转移影响的供应链超网络模型,该网络模型结构如图 7-2 所示。

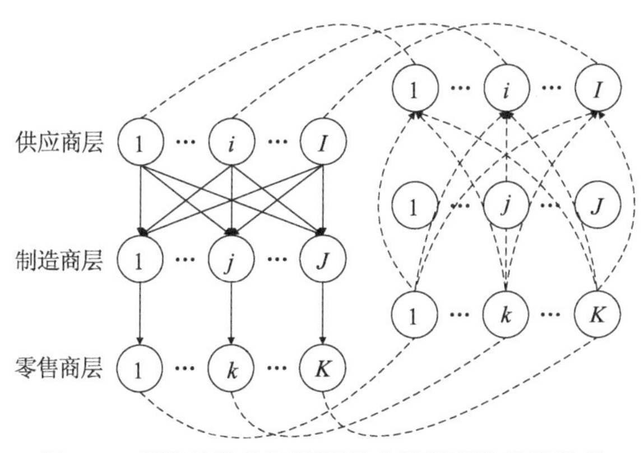

图 7-2　碳排放转移环境下供应链超网络模型结构

图 7-2 中供应链超网络结构主要包含 3 层：第一层是 I 个供应商，第二层是 J 个制造商，第三层是 K 个零售商。其中，第一层为原材料的供应市场，由 I 个相互之间存在着竞争关系的供应商组成；第二层为产品的制造市场，由 J 个生产同种产品且相互间存在着竞争关系的制造商组成；第三层为产品的零售市场，由 K 个以非合作关系的方式销售同种产品的零售商组成。图 7-2 中的网络流用相互交叉且不重合的实线表示，彼此之间潜在的相互影响关系则用虚线来呈现。

图 7-2 中经济系统中的物流网络是供应链产品的交易过程，反映的是不同主体在同层级间的竞争、不同层级间的合作关系。如某个供应商 i 通过市场竞争，将数量 q_{ij} 的原材料产品供应给制造商，经过生产，制造商 k 将 q_{jk} 个产成品交由下游某零售商 k 到市场中销售。图 7-2 中环境系统则是伴随着产品交易网络而形成的碳排放转移的网络流，如供应商 i 将原材料运输至制造商 j，制造商 j 再将产品运送到零售商 k 的过程中所发生的碳排放转移量。

（2）相关假设

本部分将通过构建超网络均衡模型来研究碳排放转移影响下需求不确定型逆向供应链企业间最优运营行为。为此，需先提出相应的假设条件，分别确定供应商、制造商和零售商最优决策目标，再给出整体网络系统在碳排放转移条件下的均衡条件。为满足上述研究需要，模型的构建需满足以下假设：

假设 1 各供应商、制造商、零售商之间交易的所有产品是同类型、无差异、可替代的。

假设 2 碳排放未转移的部分由供应链下游企业负责承担成本，转移的部分由供应链上游企业负责承担成本。

假设 3 供应商、制造商的碳排放量没有超过政府规定的碳配额，零售商的碳排放量超过碳配额，即碳排放转移的流向是由零售商往制造商、制造商往供应商转移。

假设 4 模型中涉及的生产函数与交易成本函数均为连续可微凸函数。

假设 5 零售商需求是不确定的，由于需求市场的不确定性导致零售商需求是不确定的，即制造商存在产品滞销与缺货 2 种可能。

7.2.2 供应链网络各层决策行为及均衡条件

(1) 供应商的运营行为及优化条件

供应商的运营行为主要是在供应链网络中供应商提供产品给制造商的过程中产生的。其具体过程如下：供应商 i 将数量为 q_{ij} 产品以价格 p_{ij} 提供给制造商 j，所获得的收益总额为 $p_{ij}q_{ij}$。其中所发生的成本主要包括：① 供应商 i 的生产成本 $c_{ij}(q_{ij})$；② 供应商 i 与制造商 j 交易过程中所产生的交易成本 $b_{ij}(q_{ij})$；③ 供应商发生碳排放转移时所需承担的碳减排成本 Te_{ij}，其中 e_{ij} 为供应商 i 与制造商 j 交易产品 q_{ij} 产生的碳减排成本，T 表示碳排放转移率。A_i 表示政府部门给供应商 i 设定的碳配额，α_{ij} 为供应商与制造商进行产品交易的碳排放系数。依据模型假设 2，制造商 i 的利润目标函数为

$$\max profit = \sum_{j=1}^{J} p_{ij}q_{ij} - \sum_{j=1}^{J} c_{ij}(q_{ij}) - \sum_{j=1}^{J} b_{ij}(q_{ij}) - \sum_{i=1}^{I}\sum_{j=1}^{J} Te_{ij}$$

$$\text{s.t.} \quad q_{ij} \geqslant 0$$

$$A_i - q_{ij}\alpha_{ij} \geqslant 0 \tag{7-8}$$

依据假设 3，式(7-8)表示在制造商利益最大化条件下，供应商

在提供给制造商的产品数量和价格分别为 q_{ij} 和 p_{ij}、政府的碳减排限额为 A_i 时，供应商只有接受制造商转移 $T\alpha_{ij}q_{ij}$ 碳排放量才能满足政府碳限额的要求。因此，依据假设 4，假设在碳排放转移环境下，供应链网络中供应商的最优运营策略是 q_{ij}^*，则依据进化变分不等式理论，式(7-8)可转化成以下变分不等式：

$$\sum_{i=1}^{I}\sum_{j=1}^{J}\left[\frac{\partial c_{ij}(q_{ij})}{\partial q_{ij}}+\frac{\partial b_{ij}(q_{ij})}{\partial q_{ij}}+\frac{\partial Te_{ij}}{\partial q_{ij}}-p_{ij}\right](q_{ij}-q_{ij}^*)\geq 0 \tag{7-9}$$

(2) 制造商的运营行为及优化条件

制造商的运营行为主要是在供应链网络中制造商接受供应商提供产品的过程中产生的。其具体过程如下：制造商 j 接受供应商提供的数量为 q_{ij}、产品价格为 p_{ij} 的原材料，制造商 j 将数量为 q_{jk} 的产品以价格 p_{jk} 提供给零售商 k，所获得的收益总额为 $p_{jk}q_{jk}$。其中所发生的成本主要包括：① 制造商 j 从供应商 i 获取产品的成本 $p_{ij}q_{ij}$；② 制造商 j 与零售商 k 交易过程中所产生的交易成本 $b_{jk}(q_{jk})$；③ 制造商接受来自零售商的碳排放转移时所承担的碳减排成本 Te_{jk}，其中 e_{jk} 为制造商 j 与零售商 k 交易产品 q_{jk} 产生的碳减排成本；④ 制造商发生碳排放转移时所需承担的碳减排成本 $(1-T)e_{ij}$，其中 e_{jk} 为制造商 j 与零售商 k 交易产品 q_{jk} 产生的碳减排成本，T 表示碳排放转移率。A_j 表示政府部门给制造商 j 设定的碳配额，α_{jk} 为制造商与零售商进行产品交易的碳排放系数。制造商 j 的单位产品库存成本用 h_j^+ 表示，制造商 j 的单位产品缺货成本用 h_j^- 表示；制造商 j 与零售商 k 的交易总量为 q_j，即 $q_j=\sum_{i=1}^{I}q_{ij}$；制造商与零售商的交易价格为 p_j 时的产品需求量为 d_j，它的分布函数表示为 $F_j(x,\rho_j)$，概率密度函数则表示为 $f_j(x,\rho_j)$。因为市场需求会出现波动性变化，所以制造商就会出现以下 2 种情形：一种是产品供不应求而出现缺货情况；另一种是产品供过于求而出现产品滞销。由此可得制造商 j 的利润函数为

$$\max profit = \begin{cases} \rho_j d_j - \sum_{i=1}^{I} \rho_{ij} q_{ij} - b_{jk}(q_{jk}) - Te_{jk} - (1-T)e_{ij} - \\ \quad h_j^+(q_j - d_j), d_j < q_j \\ \rho_j q_j - \sum_{i=1}^{I} \rho_{ij} q_{ij} - b_{jk}(q_{jk}) - Te_{jk} - (1-T)e_{ij} - \\ \quad h_j^-(d_j - q_j), d_j > q_j \end{cases} \tag{7-10}$$

通过进一步的研究，当制造商出现供过于求情形时，零售商 j 的库存费用为 $\Delta_j^+ = h_j^+ \max\{0, q_j - d_j\}$；当制造商出现供不应求情形时，零售商 j 的缺货费用为 $\Delta_j^- = h_j^- \max\{0, d_j - q_j\}$。根据文献，则可得制造商 j 的期望库存、缺货费用为

$$\begin{cases} E(\Delta_j^+) = h_j^+ \int_0^{q_j} (q_j - x) f_j(x, \rho_j) \mathrm{d}x \\ E(\Delta_j^-) = h_j^- \int_{q_j}^{\infty} (x - q_j) f_j(x, \rho_j) \mathrm{d}x \end{cases} \tag{7-11}$$

此时，制造商 j 的收益为 $\rho_j \min\{q_j, d_j\}$，制造商 j 与零售商 k 的交易量 $\min\{d_j, q_j\} = q_j - \Delta_j^+ / h_j^+$。$\rho_j^*$ 表示 ρ_j 求导之后的均衡值，因此制造商 j 的期望利润最大化模型可依据成本收益法表示为

$$\begin{aligned} \max E(\pi_j) &= E\rho_j^* \min\{q_j, d_j\} - E(\Delta_j^+ + \Delta_j^-) - \sum_{j=1}^{J} \rho_{jk} q_{jk} - \\ &\quad b_{jk}(q_{jk}) - Te_{jk} - (1-T)e_{ij} \\ &= \rho_j^* q_j - (\rho_j^* / h_j^+ + 1)E(\Delta_j^+) - E(\Delta_j^-) - \sum_{i=1}^{I} \rho_{jk} q_{jk} - \\ &\quad b_{jk}(q_{jk}) - Te_{jk} - (1-T)e_{ij} \end{aligned} \tag{7-12}$$

为求解制造商最优决策均衡条件的变分不等式模型，首先对式(7-11)求 q_{jk} 的一阶偏导，可得：

$$\begin{cases}\dfrac{\partial E(\Delta_j^+)}{\partial q_{jk}}=\dfrac{\partial[h_j^+\int_0^{q_j}(q_j-x)f_j(x,\rho_j)\mathrm{d}x]}{\partial q_{jk}}=h_j^+F_j(q_j,\rho_j)\\ \dfrac{\partial E(\Delta_j^-)}{\partial q_{jk}}=\dfrac{\partial[h_j^-\int_{q_j}^{\infty}(x-q_j)f_j(x,\rho_j)\mathrm{d}x]}{\partial q_{jk}}=h_j^-[F_j(q_j,\rho_j)-1]\end{cases}\tag{7-13}$$

然后，假设制造商 j 的成本函数为连续可微的凸函数，则所有制造商同时决策的最优条件等价于下列变分不等式的解，依据假设 3，式(7-10)表示在制造商利益最大化条件下，制造商在提供给零售商的产品数量和价格分别为 q_{jk} 和 p_{jk}、政府的碳配额为 A_j 时，制造商只有在接受零售商转移的 $T\alpha_{jk}q_{jk}$ 碳排放量和向制造商转移 $T\alpha_{ij}q_{ij}$ 碳排放量才能满足政府碳配额的要求。因此，依据假设 4，假设在碳排放转移环境下，供应链网络中制造商的最优运营策略是 q_{jk}^*，λ 为零售商关于约束条件 $A_i-q_{ij}a_{ij}\geqslant 0$ 成立的 Lagrange 乘子，则依据进化变分不等式理论，式(7-10)可转化成以下变分不等式，即最优解 $q_{jk}^*\in\mathbf{R}_+^{IJ}$ 满足：

$$\sum_{i=1}^{I}\sum_{j=1}^{J}[(\rho_j^*+h_j^++h_j^-)F_j(q_j,\rho_j^*)-\rho_j^*-h_j^-+\rho_{ij}^*-\lambda]\cdot$$
$$(q_{ij}-q_{ij}^*)+\sum_{j=1}^{J}\sum_{k=1}^{K}[\frac{\partial b_{jk}(q_{jk})}{\partial q_{jk}}+\frac{\partial Te_{jk}}{\partial q_{jk}}+(1-T)e_{ij}-p_{jk}+\lambda]+$$
$$\sum_{j=1}^{J}\sum_{k=1}^{K}(q_{ij}^*-q_{jk}^*)(\lambda-\lambda^*)\geqslant 0,\forall q_{jk}^*\in\mathbf{R}_+^{IJ}\tag{7-14}$$

(3) 零售商的运营行为及优化条件

零售商层的决策均衡是由零售商向制造商采购产品的数量是否与市场不确定需求量相一致所决定的。依据需求不确定均衡条件下的空间价格决策，零售商的决策均衡条件为

$$\begin{cases}d_j=\sum\limits_{i=1}^{I}q_{ij}^*,\rho_j^*>0\\ d_j<\sum\limits_{i=1}^{I}q_{ij}^*,\rho_j^*=0\end{cases}\tag{7-15}$$

式(7-5)中 $p_k^*=p_{jk}^*$，表示在均衡状态下，若零售商愿意为制造商 j

支付一定价格($p_k^* > 0$),则产品需求恰好与供给相一致;否则零售商就不会愿意为产品支付费用($p_k^* = 0$)。依据进化变分不等式理论,式(7-5)可转化成以下变分不等式:

$$[\sum_{i=1}^{I}\sum_{k=1}^{K}\frac{\partial b_{jk}(q_{jk})}{\partial q_{jk}}+\sum_{i=1}^{I}\sum_{k=1}^{K}\frac{\partial Te_{jk}}{\partial q_{jk}}](q_{jk}-q_{jk}^*)+\sum_{j=1}^{J}\sum_{k=1}^{K}(q_{jk}^*-d_k^*)(p_k-p_k^*)\geqslant 0 \tag{7-16}$$

7.2.3 需求不确定型逆向供应链超网络均衡条件

对于整个供应链超网络而言,要达到整体网络的均衡,就要保证网络中各层员的利益均达到最大化。所以供应商与制造商之间、制造商与零售商之间均要在满足各自最优性条件的前提下进行产品交易,因此,超网络均衡应是同时使得供应市场达到均衡[式(7-9)]、制造市场达到均衡[式(7-14)]、零售市场达到均衡[式(7-16)]。整个超网络的均衡可以通过将上述均衡条件相加得到变分不等式[式(7-17)],最优解为($q_{ij}^*, q_{jk}^*, p_k^*, \lambda^*$)。

$$\begin{aligned}&\sum_{i=1}^{I}\sum_{j=1}^{J}[\frac{\partial c_{ij}(q_{ij})}{\partial q_{ij}}+\frac{\partial b_{ij}(q_{ij})}{\partial q_{ij}}+\frac{\partial Te_{ij}}{\partial q_{ij}}-p_{ij}](q_{ij}-q_{ij}^*)+\\&\sum_{i=1}^{I}\sum_{j=1}^{J}[(p_j^*-h_j^+-h_j^-)F_j(q_j,p_j^*)-p_j^*-h_j^-+p_{ij}^*-\lambda](q_{ij}-q_{ij}^*)+\\&\sum_{j=1}^{J}\sum_{k=1}^{K}[\frac{\partial b_{jk}(q_{jk})}{\partial q_{jk}}+\frac{\partial(1-T)e_{jk}}{\partial q_{jk}}+\frac{\partial Te_{ij}}{\partial q_{ij}}-p_{jk}+\lambda](q_{jk}-q_{jk}^*)+\\&(\sum_{i=1}^{I}\sum_{j=1}^{J}q_{ij}^*-\sum_{j=1}^{J}\sum_{k=1}^{K}q_{jk}^*)(\lambda-\lambda^*)+[\sum_{j=1}^{J}\sum_{k=1}^{K}\frac{\partial b_{jk}(q_{jk})}{\partial q_{jk}}+\\&\sum_{j=1}^{J}\sum_{k=1}^{K}\frac{\partial Te_{jk}}{\partial q_{jk}}](q_{jk}-q_{jk}^*)+\sum_{j=1}^{J}\sum_{k=1}^{K}(q_{jk}^*-d_k^*)(p_k-p_k^*)\geqslant 0\end{aligned} \tag{7-17}$$

7.2.4 模型求解

为了求解多面体可行域上的对数二次逼近,He 等提出了预测校正算法。该算法可用于求得多面体可行域上变分不等式全局的收敛解,并能够同时求出最优的 Lagrange 乘子向量。这一算法的特点是每一步迭代只涉及预测与校正,计算量相对较小,并且该算法能够自动调节步长和算法中的相关参数,确保该算法更有效。本书中的模型满足求解的所有相关要求,因此结合书中模型,给出求解网络均衡[式(7-17)]的对数二次逼近的预测校正算法。为了便于表述,下面将变分不等式和其可行域以向量的形式展示。令向量函数 $\boldsymbol{F}_1$,$\boldsymbol{F}_2$,$\boldsymbol{F}_3$和 $\boldsymbol{F}_4$ 分别为

$$\boldsymbol{F}_1(\boldsymbol{q})=\{(\partial f_i(q)/\partial q_i,\ i=1,\cdots,m\}\in\mathbf{R}^m,$$

$$\boldsymbol{F}_2(\boldsymbol{Q})=\{\partial c_{ij}(q_{ij})/\partial q_{ij},\ i=1,\cdots,m;\ j=1,\cdots,n\}\in\mathbf{R}^{mn}$$

$$\boldsymbol{F}_3(\boldsymbol{t},\boldsymbol{p})=\{(p_j+\lambda_j^{+}+\lambda_j^{-})\Phi(t_j,p_j)-p_j-\lambda_j^{-}+\partial c_j(t)/\partial t_j,\ j=1,\cdots,n\}\in\mathbf{R}^n$$

$$\boldsymbol{F}_4(\boldsymbol{t},\boldsymbol{p})=\{t_j-E[d_j(p_j)],\ j=1,\cdots,n\}\in\mathbf{R}^n$$

那么,变分不等式的向量形式为确定$(\boldsymbol{q}^*,\boldsymbol{Q}^*,\boldsymbol{t}^*,\boldsymbol{p}^*)\in\boldsymbol{\Omega}$,使得

$$\boldsymbol{F}_1(\boldsymbol{q}^*)\times(\boldsymbol{q}-\boldsymbol{q}^*)+\boldsymbol{F}_2(\boldsymbol{Q}^*)\times(\boldsymbol{Q}-\boldsymbol{Q}^*)+\boldsymbol{F}_3(\boldsymbol{t}^*,\boldsymbol{p}^*)\times(\boldsymbol{t}-\boldsymbol{t}^*)+\boldsymbol{F}_4(\boldsymbol{t}^*,\boldsymbol{p}^*)\times(\boldsymbol{p}-\boldsymbol{p}^*)\geqslant 0$$

$$\forall(\boldsymbol{q},\boldsymbol{Q},\boldsymbol{t},\boldsymbol{p})\in\mathbf{R}$$

可行域 $\boldsymbol{\Omega}$ 的向量形式为

$$\boldsymbol{\Omega}=\{(\boldsymbol{q},\boldsymbol{Q},\boldsymbol{t},\boldsymbol{p})\in\mathbf{R}^{m+mn+n+n}\mid\mathbf{A}_0\boldsymbol{q}\leqslant\boldsymbol{C},\mathbf{A}_1\boldsymbol{Q}\leqslant\mathbf{A}_0\boldsymbol{q},\mathbf{A}_2\boldsymbol{Q}=\mathbf{A}_3\boldsymbol{t},\mathbf{A}_3\boldsymbol{p}\leqslant\bar{\boldsymbol{p}}\}$$

式中,$\boldsymbol{C}=(C_1,\cdots,C_m)^{\mathrm{T}}\in\mathbf{R}^m$,$\bar{\boldsymbol{p}}=(\bar{p}_1,\cdots,\bar{p}_n)^{\mathrm{T}}\in\mathbf{R}^n$ 为列向量,$\mathbf{A}_0=\boldsymbol{E}_{m\times m}$和$\mathbf{A}_3=\boldsymbol{E}_{n\times n}$为单位矩阵,$\mathbf{A}_1\in\mathbf{R}^{m\times m}$,$\mathbf{A}_2\in\mathbf{R}^{n\times m}$为定义的分块矩阵。

$$\mathbf{A}_1=\begin{bmatrix} I_1 & 0 & \cdots & 0 \\ 0 & I_2 & \cdots & 0 \\ \vdots & \vdots & & \vdots \\ 0 & 0 & \cdots & I_m \end{bmatrix}_{m\times m}$$

$$\mathbf{A}_2=\begin{bmatrix} J_1 & J_1 & \cdots & J_1 \\ J_2 & J_2 & \cdots & J_2 \\ \vdots & \vdots & & \vdots \\ J_n & J_n & \cdots & J_n \end{bmatrix}_{n\times m}$$

基于上述向量符号,下面给出供应链网络均衡的对数二次逼

近的预测校正算法。

初始化参数 j 和精度 ε,初始迭代点 $\boldsymbol{u}^0=(\boldsymbol{q}^0,\boldsymbol{Q}^0,\boldsymbol{t}^0,\boldsymbol{p}^0,\boldsymbol{\lambda}^0,\boldsymbol{h}^0)$,$k=0$。

步骤 1:终止准则。令误差列向量

$$\boldsymbol{e}(\boldsymbol{u}^k)=\begin{pmatrix} \boldsymbol{q}^k-\boldsymbol{p}_{\mathbf{R}^m}[\boldsymbol{q}^k-(\boldsymbol{F}_1(\boldsymbol{q}^k)+\boldsymbol{A}_0^{\mathrm{T}}\boldsymbol{\lambda}^k-\boldsymbol{A}_0^{\mathrm{T}}\boldsymbol{h}^k)] \\ \boldsymbol{Q}^k-\boldsymbol{p}_{\mathbf{R}^{mn}}[\boldsymbol{Q}^k-(\boldsymbol{F}_2(\boldsymbol{Q}^k)+\boldsymbol{A}_1^{\mathrm{T}}\boldsymbol{h}^k+\boldsymbol{A}_2^{\mathrm{T}}\boldsymbol{\lambda}^k)] \\ \boldsymbol{t}^k-\boldsymbol{p}_{\mathbf{R}^n}[\boldsymbol{t}^k-(\boldsymbol{F}_3(\boldsymbol{t}^k,\boldsymbol{p}^k)-\boldsymbol{A}_3^{\mathrm{T}}\boldsymbol{\lambda}^k)] \\ \boldsymbol{p}^k-\boldsymbol{p}_{\mathbf{R}^n}[\boldsymbol{p}^k-(\boldsymbol{F}_4(\boldsymbol{t}^k,\boldsymbol{p}^k)+\boldsymbol{A}_3^{\mathrm{T}}\boldsymbol{\lambda}^k)] \\ \boldsymbol{\lambda}^k-\boldsymbol{p}_{\mathbf{R}^m}[\boldsymbol{\lambda}^k+\boldsymbol{A}_0\boldsymbol{q}^k-\boldsymbol{C}] \\ \boldsymbol{h}^k-\boldsymbol{p}_{\mathbf{R}^m}[\boldsymbol{\lambda}^k+\boldsymbol{A}_1\boldsymbol{Q}^k-\boldsymbol{A}_0\boldsymbol{q}^k] \\ \boldsymbol{h}^k-\boldsymbol{p}_{\mathbf{R}^n}[\boldsymbol{h}^k+\boldsymbol{A}_2\boldsymbol{Q}^k-\bar{\boldsymbol{p}}] \end{pmatrix}$$

若 $\|\boldsymbol{e}(\boldsymbol{u}^k)\|_\infty\leqslant\varepsilon$,则终止,并返回最优值 $\boldsymbol{u}^k$,否则继续。

步骤 2:产生预测值 $\tilde{\boldsymbol{u}}^k=(\tilde{\boldsymbol{q}}^k,\tilde{\boldsymbol{Q}}^k,\tilde{\boldsymbol{t}}^k,\tilde{\boldsymbol{p}}^k,\tilde{\boldsymbol{\lambda}}^k,\tilde{\boldsymbol{h}}^k)^{\mathrm{T}}$。

步骤 3:调整参数 β^k 和 v。

$$\beta^{k+1}=\begin{cases}\dfrac{0.7\beta^k}{r^k},r^k\leqslant0.5\\ \beta^k,r^k>0.5\end{cases}$$

$$v=\begin{cases}0.5v,\dfrac{\|\varepsilon_1^k\|}{\sqrt{1+u}}>4\|\varepsilon_2^k\|\\ 2v,\dfrac{\|\varepsilon_1^k\|}{\sqrt{1+u}}<4\|\varepsilon_2^k\|\\ v,\dfrac{\|\varepsilon_1^k\|}{\sqrt{1+u}}=4\|\varepsilon_2^k\|\end{cases}$$

步骤 4:确定校正的步长 α_k。令步长

$$\alpha_k=\frac{\gamma\alpha_k^*\beta^k(1-\boldsymbol{u})}{(1+\boldsymbol{u})}$$

$$\alpha_k^*=\frac{(\pi_1^k+\varepsilon_1^k)^{\mathrm{T}}\pi_1^k+(v\pi_2^k+\varepsilon_2^k)^{\mathrm{T}}\pi_2^k}{[(1+\boldsymbol{u})\pi_1^k+\varepsilon_1^k]^{\mathrm{T}}[\pi_1^k+(1+\boldsymbol{u})^{-1}\varepsilon_1^k]+(v\pi_2^k+\varepsilon_2^k)^{\mathrm{T}}(\pi_2^k+v^{-1}\varepsilon_2^k)}$$

步骤 5:产生校正值 $\boldsymbol{u}^k+1=(\boldsymbol{q}^{k+1},\boldsymbol{Q}^{k+1},\boldsymbol{t}^{k+1},\boldsymbol{p}^{k+1},\boldsymbol{\lambda}^{k+1},\boldsymbol{h}^{k+1})$。

令 $k=k+1$,转步骤 1。

7.3 数值分析

本章通过对智能优化算法的分析，对上面的超网络模型进行求解验证。根据文献对相关参数进行了合理的设置，并以此编写了基于 Matlab 的代码，通过数值算例进行敏感性分析。研究了碳配额对超网络均衡的影响、碳配额对碳排放转移率的影响，以及碳排放转移率对超网络均衡的影响。

7.3.1 参数确定

根据优化智能算法，书中编写了基于 Matlab 的代码。算法中参数 α 设置为 0.01，$\varphi=10^{-8}$。为了便于分析，考虑简易低碳物流交易网络，即市场上存在一个供应链超网络由 2 个原料供应商(供应商 1、供应商 2)、2 个制造商(制造商 1 和制造商 2)和 2 个零售商(零售商 1、零售商 2)构成。实际上，本书所构建的模型也能够解决复杂网络的交易情形，即生产商、制造商、零售商的个数可以不受约束地扩展到多个。其中各决策者成本函数及其相关参数定义如下：

(1) 原料供应商的生产函数

$$C_{1j}(q_{1j})=2.5(\sum_{j=1}^{2}q_{1j})^2+\sum_{j=1}^{2}q_{1j}\sum_{j=1}^{2}q_{2j}+2\sum_{j=1}^{2}q_{1j}+3.5$$

$$C_{2j}(q_{2j})=2.5(\sum_{j=1}^{2}q_{2j})^2+\sum_{j=1}^{2}q_{1j}\sum_{j=1}^{2}q_{2j}+2\sum_{j=1}^{2}q_{2j}+3.5$$

(2)原料供应商与产品制造商之间发生交易时的成本函数

$$b_{i1}(q_{i1})=2.5(\sum_{i=1}^{2}q_{i1})^2+\sum_{i=1}^{2}q_{i1}$$

$$b_{i2}(q_{i2})=2.5(\sum_{i=1}^{2}q_{i2})^2+\sum_{i=1}^{2}q_{i2}$$

(3) 产品制造商与产品零售商之间发生交易时的成本函数

$$b_{j1}(q_{j1})=2.5(\sum_{j=1}^{2}q_{j1})^2+q_{j1}$$

$$b_{j2}(q_{j2}) = 2.5(\sum_{j=1}^{2} q_{j2})^2 + q_{j2}$$

其中令 t=0.05,其他变量初始值均设置为 1。根据以上函数性质,考虑碳排放转移的网络均衡模型有唯一解,通过设置的参数可以对超网络均衡进行敏感性分析。

根据书中的研究问题,算例部分将探讨以下两方面内容:① 分析不同碳配额对供应链网络均衡状态的影响,其中,令供应商的碳配额初始值 A_i=1.5 且 i=1,2,其他变量初始值不变,具体结果见表 7-1。② 基于碳配额政策考虑碳排放转移,依次改变 t 值(表示不同的碳排放转移率),为简易起见,本书设置 t=0.05,0.10,0.15,通过灵敏度分析法来分析碳排放转移率(t)的变化情况对网络均衡状态的影响。

7.3.2 敏感性分析

(1) 碳配额对供应链网络均衡状态的影响

探索碳配额对网络均衡状态的影响时,设定企业没有进行碳排放转移(t=0),结果见表 7-1。

表 7-1 碳配额对供应链网络均衡的影响

	$A_1=1.5$, $A_2=1.5$	$A_1=1.5$, $A_2=3$	$A_1=3$, $A_2=3$
$(q_{ij}^*)_{2\times2}$	$\begin{pmatrix}0.4988 & 0.4988\\1.2638 & 1.2638\end{pmatrix}$	$\begin{pmatrix}0.0800 & 0.0800\\1.5950 & 1.5950\end{pmatrix}$	$\begin{pmatrix}1.9262 & 1.9262\\0 & 0\end{pmatrix}$
$(q_{jk}^*)_{2\times2}$	$\begin{pmatrix}3.1538 & 3.1538\\2.2863 & 2.2863\end{pmatrix}$	$\begin{pmatrix}10.3150 & 10.3150\\8.5450 & 8.5450\end{pmatrix}$	$\begin{pmatrix}22.4762 & 22.4762\\19.7762 & 19.7762\end{pmatrix}$
$(qq_{ij}^*)_{2\times2}$	$\begin{pmatrix}0.0750 & 0.0750\\0.9750 & 0.9750\end{pmatrix}$	$\begin{pmatrix}0.9500 & 0.9500\\0 & 0\end{pmatrix}$	$\begin{pmatrix}0.9250 & 0.9250\\0 & 0\end{pmatrix}$
$(qq_{jk}^*)_{2\times2}$	$\begin{pmatrix}0.6500 & 0.6500\\0 & 0\end{pmatrix}$	$\begin{pmatrix}0.3000 & 0.3000\\0 & 0\end{pmatrix}$	$\begin{pmatrix}0 & 0\\0 & 0\end{pmatrix}$
$(\rho_k^*)_{1\times2}$	(42.090 6　42.090 6)	(65.812 5　65.812 5)	(72.658 1　72.658 1)
$(\pi_i)_{1\times2}$	(3.156 8　3.156 8)	(5.265 0　5.265 0)	(9.261 6　9.261 6)
$(\pi_j)_{1\times2}$	(27.358 9　27.358 9)	(19.743 8　19.743 8)	(10.273 5　10.273 5)

续表

	$A_1=1.5$ $A_2=1.5$	$A_1=1.5$ $A_2=3$	$A_1=3$ $A_2=3$
Π	31.665 3	25.714 9	20.544 1
$(ce_i)_{1\times 2}$	(1.500 0　1.500 0)	(1.500 0　2.608 7)	(2.154 9　2.065 1)
$(\lambda_i)_{1\times 2}$	(2.057 5　19.902 5)	(2.060 0　19.810 0)	(2.000 0　19.722 5)

注：令 Π 表示供应链网络总利润，即 $\Pi=\sum_{i=1}^{2}\pi_i+\sum_{j=1}^{2}\pi_j+\sum_{k=1}^{2}\pi_k$，$ce_i$ 表示供应商 i 的总碳排量。

由表 7-1 可知，碳配额对供应链网络均衡的影响如下：

① 在较低的碳配额规制下，碳配额约束对企业经济收益具有负面影响。具体分析如下：当 2 个供应商的 $A_i=1.5(i=1,2)$ 时，可以计算出供应商 1 所制造的碳排放量为 $ce_1=1.500\ 0$，供应商 2 所制造的碳排放量 $ce_2=1.500\ 0$，它们都和碳配额数值相一致。若供应商 2 将碳配额值升高到 $A_2=3$，供应商 2 的碳排放量也会随之升高到 $ce_2=2.608\ 7$，相比于政府部门规制的碳配额数值，这时供应商 2 的碳排放量还是比较低的。在这种情况下，供应商 2 拥有的碳配额竞争优势明显，严格的碳配额约束损害了供应商 1 的经济收益。此外，由于碳配额的降低，供应商 2 的碳排放量、获取的利润也随之减少，这意味着企业想要同时实现减排成本最小化与经营利润最大化双赢的目标是难以达到的，它们之间存在一些难以调和的矛盾，有时候不得已需要牺牲掉自身的一部分经济收益来满足环境的要求。

② 在较高的碳配额规制下，碳配额政策对碳排放的调控作用失灵。当同时 2 个供应商 $A_i=3(i=1,2)$ 时，可以得知供应商 1 的碳排放量为 $ce_1=2.154\ 9<3$，供应商 2 制造的碳排放量为 $ce_2=2.065\ 1<3$。这时，供应商 1 与供应商 2 可以不受到由政府碳规制政策所带来的处罚，与没有碳配额限制时的超网络均衡状态相比，这时的供应链超网络均衡状态几乎没有变化，这就意味着当碳配额规制比较高的情况下，它对供应链超网络的各个成员的决策行

为是没有影响的。

(2) 碳配额对碳排放转移率的影响

为便于分析碳配额变化对网络内生性碳排放转移率的影响,书中考虑制造商的碳排放初始配额 $A_j=1$ 时的情形,并依次改变制造商碳配额值,具体结果见表 7-2。

表 7-2 碳配额对网络内生性碳排放转移率的影响

	$\mathbf{A}_j=1$	$A_j=1.1$	$A_j=1.2$	$\mathbf{A}_j=1.3$	$A_j=1.4$	$A_j=1.5$
$(t)^*_{1\times 2}$	$\begin{pmatrix}0.0505\\0.0623\end{pmatrix}$	$\begin{pmatrix}0.0750\\0.0811\end{pmatrix}$	$\begin{pmatrix}0.0922\\0.1031\end{pmatrix}$	$\begin{pmatrix}0.1150\\0.1203\end{pmatrix}$	$\begin{pmatrix}0.1405\\0\end{pmatrix}$	$\begin{pmatrix}0\\0\end{pmatrix}$

	$\mathbf{A}_j=1.6$	$A_j=1.7$	$A_j=1.8$	$A_j=1.9$	$A_j=2$
$(t)^*_{1\times 2}$	$\begin{pmatrix}0\\0\end{pmatrix}$	$\begin{pmatrix}0\\0\end{pmatrix}$	$\begin{pmatrix}0\\0\end{pmatrix}$	$\begin{pmatrix}0\\0\end{pmatrix}$	$\begin{pmatrix}0\\0\end{pmatrix}$

① 制造商碳配额在区间[1,1.3]时,网络均衡状态下,制造商的碳排放量增加,其利润与碳配额呈负相关。这是由于较低的碳配额政策下,供应商通过将碳排放量转移到制造商,降低了自身碳减排成本,也反映为供应商的经济利益的提高。因此,当较低的碳配额政策被政府有关部门决定实行时,它导致的结果一般是供应商处于单方面获利的状态,却没有明显影响到环境业绩的提高。

② 当制造商的碳配额处在区间[1.3,2]时,由于碳配额的升高,制造商的产品交易量呈逐渐降低趋势。与之不同的是,产品的购买价格与产品的交易价格却因为碳配额的升高呈上升趋势。出现这种趋势的原因是在此变化区间内,碳配额是起决定性作用的关键因素。由于供应商的碳排放转移导致制造商的碳排放量超过了碳配额,制造商在考虑自身利润情况下将不再接受来自供应商的碳排放转移,此时供应链网络中的碳排放转移率趋近于 0。在政府碳配额政策强度逐渐增大的情形下,也就是将碳配额提高一定的数值,制造商为了提高减排量,并且同时提高自身的利润,往往会选择减少自身生产产品的数量或者减少自身的产品交易量。从市场需求的经济规律分析,制造商如果减少交易量,那么零售商产

品的购买价格必然会有所提高，因采购费用上涨所带来的利润损失可通过提高销售价格来弥补，因此零售商利润基本保持不变。

（3）碳排放转移率对供应链网络均衡状态的影响

在不同的碳排放转移率 $t=0.05,0.10,0.15$ 下，供应链超网络中制造商与零售商之间产品的网络均衡交易数量、制造商与零售商之间产品的网络均衡交易价格、供应链超网络的总体碳排放量，以及供应链超网络的总体利润等在不同区间内的变化情况如图 7-3～图 7-5所示。为了分析碳排放转移率的变化情况对供应链超网络均衡状态存在的影响，书中首先考虑 $t=0.05$ 时的市场情形，并逐渐增加至 0.10，0.15。具体结论与政策如下：

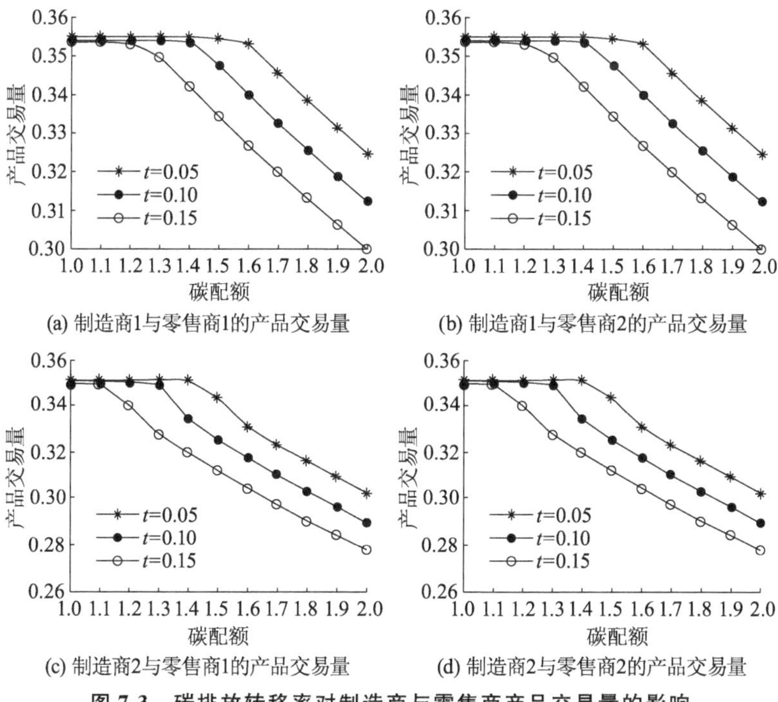

图 7-3　碳排放转移率对制造商与零售商产品交易量的影响

① 碳排放转移率在区间[0.05，0.10]和[0.10，0.15]时，制造商与零售商的产品均衡交易量呈下降趋势。这主要是因为在该区

间碳配额政策起到主导作用,零售商碳配额的升高会导致制造商到零售商碳排放转移率的升高。而碳排放转移率的升高能够确保2个制造商的碳排放量均没有超过政府部门规制的配额,2个零售商要承担更高的交易成本,所以交易数量呈现下降的趋势。

② 碳排放转移率在区间[0.05,0.10]和[0.10,0.15]时,制造商与零售商的产品均衡交易价格呈上升趋势。这主要是由于较高的碳排放转移率降低了制造商所需要承担的成本;而零售商则要通过降低自身的交易量来达到碳减排成本下降的目标,从而造成了一定的经济损失。因此,可通过适当降低供应链的碳排放转移率,使供应链网络各成员能同时兼顾到自身的经济利益及环境业绩。

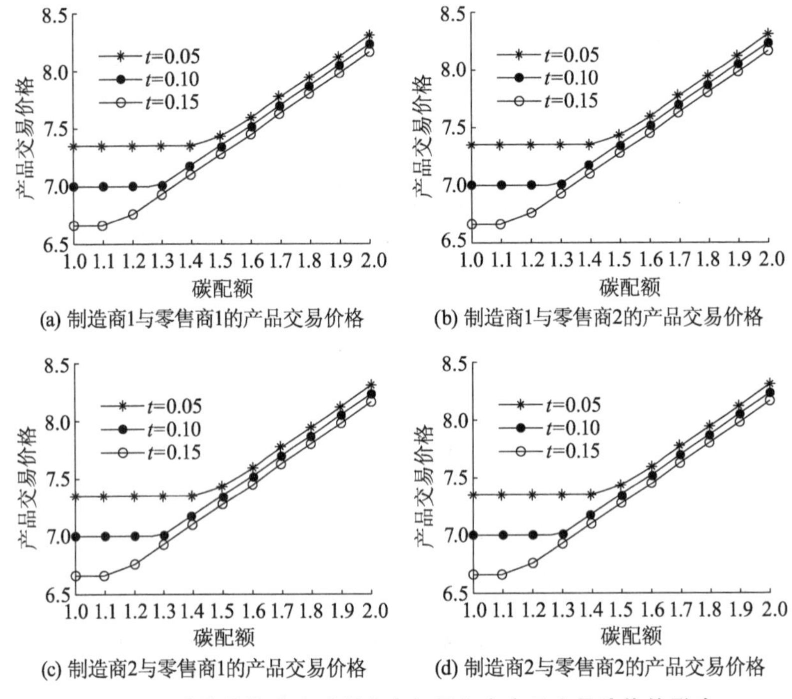

(a) 制造商1与零售商1的产品交易价格

(b) 制造商1与零售商2的产品交易价格

(c) 制造商2与零售商1的产品交易价格

(d) 制造商2与零售商2的产品交易价格

图 7-4 碳排放转移率对制造商与零售商产品交易价格的影响

③ 碳排放转移率在区间[0.05,0.10]和[0.10,0.15]时,网络

中零售商利益受损。与碳配额政策情形相比,碳排放转移率升高使产品交易量下降和交易价格上升,此时零售商需承担较高的购买价格。因此,需要关注碳排放转移给供应链下游零售商带来的不利影响,供应商、制造商应给予零售商一定形式的补偿。

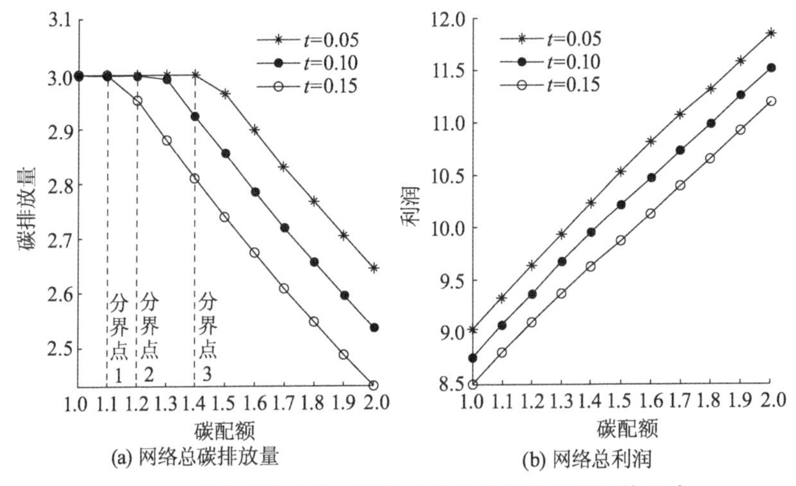

图 7-5　碳排放转移率对网络总碳排放量和总利润的影响

7.4　本章小结

本章分别研究碳排放规制政策下需求确定情境考虑碳排放转移的供应链网络均衡策略和碳排放规制政策下需求不确定情境考虑碳排放转移的逆向供应链网络均衡策略问题。首先,利用纳什均衡理论和变分不等式方法,分析了网络各层成员的最优行为及其均衡条件。其次,构建了碳配额约束下考虑碳排放转移影响的供应链超网络均衡模型。最后,借助修正投影算法对所建立模型进行了求解,并结合算例,重点考察两方面:① 考虑碳配额政策,探索不同碳配额对供应链网络均衡状态的影响,以及不同碳配额下碳排放转移率的变化;② 在碳配额政策下,考虑碳排放转移率变化对网络均衡状态的影响。

第8章　政策启示和研究展望

8.1　政策启示

为更好地促进区域、产业及供应链主体企业减排，实现国家既定的减排目标，优化各宏观主体及微观主体间碳排放转移结构及其减排与经济溢出效应，基于上述各章的研究结论，本书在政策上提出4点启示：

① 随着中国经济的快速发展，国家及省区碳减排的压力不断增加。为更好地引导碳排放在中国省区间的合理转移，有效实现中国省区既定的经济增长目标及碳减排目标，从区域角度来看，应着重从以下两方面来调控中国省区的经济发展与碳减排政策：

一是加大中西部欠发达地区与中东部发达地区的经济联系，通过调整中西部欠发达地区的产业结构，增强其产业承接能力。中国省区碳排放转移主要是以L—L模式和H—H模式为主的空间结构模式，且碳排放转移的净值为正的也是以东部发达地区为主。这说明无论是碳排放转入还是转出，在中国省区内均出现碳排放转移高高联合或低低联合的形式，而中西部欠发达地区与中东部发达地区发生碳排放转移的相对较少。因此，就需要从中西部欠发达地区的资源禀赋、产业结构等各方面加大与中东部发达地区的对接能力，在充分利用中西部地区环境承载力的基础上，提升中西部地区的经济增长能力。

二是综合考虑各省区碳排放转移的经济溢出效应和减排效应，有区别地提出各省区的碳排放转移结构优化对策，增强各地碳排放转移的经济增长能力和碳减排能力。考察期内，在煤炭节约量为正的 18 个地区中，由于北京、天津、江苏、上海、浙江、福建、黑龙江、河南、安徽、湖北和广西 11 个地区碳排放转入的增长能同时实现省区经济增长和煤炭的节约，因此，需增强这 11 个地区进口产品的品种和规模，提高碳排放转入量。而辽宁、山东、广东、海南、江西、湖南和陕西 7 个地区碳排放转出量的增加虽然也能促进各地区经济的增长，但同时也增加了这 7 个地区煤炭的消费，因此，对于这 7 个地区，应综合考虑碳减排目标，在保持产品生产清洁模式的基础上，适度增加碳排放转出量。在煤炭节约量为负的 12 个地区中，提高新疆和青海 2 个地区的出口规模，增加碳排放转出有利于这 2 个地区经济的增长，但是却引发了更多的煤炭消耗。因此，对于新疆和青海这 2 个地区就需要充分考虑其碳减排潜力和碳减排目标，在不超越环境承载能力的基础上，谨慎增加两地区的碳排放转出量。而河北、山西、吉林、宁夏、贵州、四川、甘肃、内蒙古和重庆 9 个地区碳排放转入的增加也能同时促进地区经济的增长，减少地区煤炭的消费。可见，这 9 个地区具有进口规模递增的特征，提高碳排放转入量将有利于这 9 个地区产品的生产过程向清洁生产过程转变。云南地区比较特殊，只有在减少碳排放转移量的前提下，其经济才会有所增长，相对而言减少碳排放转出量比较有利于云南经济的增长和煤炭的节约，这也将有利于提升云南的产业结构，有利于其产品生产由高能耗模式向清洁生产模式转变。

② 由于产业部门是区域经济发展的宏观单元，也是区域碳减排目标实际承担部门，因而为了优化产业部门间碳排放转移结构，圆满实现区域及产业部门的碳减排目标，应从下面几个方面对产业部门加以调控：

一是要进一步优化调整产业部门间投入产出结构。由于各级政府产业部门间存在较强的交互联系、交互影响关系，要促进产业部门转型升级、实现产业经济增长和产业碳减排双重目标，这不但需要提升各产业部门本身的生产技术水平、加快淘汰一些高污染行业、广泛采用清洁能源、实现清洁生产等,而且也需要从结构优化视角调整产业部门间的碳排放转移结构。从本书的分析结果来看,优化碳排放转移结构,合理控制产业间碳排放转移总量和质量,须重点做好重制造业、服务业和能源工业的减排技术的应用工作;同时在产业结构优化调整中,也需要进一步优化重制造业和能源工业在工业中的比重,加大力度发展服务业和轻制造业等低耗能产业。

在具体举措上,大力促进 CMWI,NMMI,TI,WPFM,CECE,MMII,EHPS,WPSI,TW 和 AC 这 10 个产业的碳排放转出,而 OGE,PPSM,GPSI 这 3 个产业则侧重于产业的碳排放转入。总体上要大力支持 MMI,FMTP,CLII,PPCN,CI,NMMP,MSRP,MPI,GSEM,TEMI,EMEM,OMW,CTI 这些产业的发展,优化产业结构,改进产业工艺,加快技术创新,控制和减少污染物排放,使用节能材料,调整能源结构,提高能源利用效率,侧重于低碳产业的发展。对于 WRT 产业,按照“兼并重组,自主创新”的原则,促进 WRT 产业进行转型重组。可见,优化产业部门间投入产出的结构关系将是各产业未来很长一段时间的工作重点。

二是要结合各影响效应对产业碳排放转移的影响进行有效减排。产业部门要减排,需结合各影响效应的变化规律,在持续有效地提升减排技术的同时,也要注重清洁能源、新能源的投入,从而减少终端产品的内涵碳排放;大力发挥碳排放强度效应对碳减排的积极效应,并进一步促进中间生产技术效应对碳减排的积极转变,同时也要注重合理分配终端产品,从而在规模和结构 2 个角度优化产业间的投入产出关系。

在减排政策上,应在保持并加强能源工业 PPCN,EHPS,CMWI 产业碳排放强度效应的基础上,重点提升这 3 个产业中间减排技术的引入与吸纳能力,并适当优化其规模,尤其是要调控好这 3 个产业的碳排放转入。对重制造业而言,须重点从中间生产技术及投入规模 2 个角度优化 MSRP,GSEM,EMEM,NMMP,CI 产业的碳排放转移结构。控制轻制造业中 PPSM,TI,WPFM,CLII 及服务业中CTI和WRT的投入规模将是促进2类产业部门整体减排的根本。也需要进一步提升其他工业部门的MMI和NMMI的中间投入及其规模水平，提高此类产业的能源利用效率。

三是积极引导产业实现碳排放转移与经济增长脱钩。在经济高度增长的同时，资源环境压力下降是实现人类生存发展观念和环境的根本转变，可达到经济社会发展与生态环境保护双赢。碳排放转移现象不可避免，而产业间通过合作使得资源得到合理的利用重组，有利于实现节能减排的发展要求。因此，要积极引导产业实现碳排放转移与经济增长脱钩，尽可能减少二氧化碳的排放。

本书的研究表明，我国产业2002—2012年整体脱钩水平以弱脱钩为主，且碳排放转出的脱钩状态总体上要优于碳排放转入，因此在保持已有的脱钩优势水平上，控制碳排放转入的相关产业部门，加大减排力度，改变以煤炭为主的能源消费结构，发挥碳排放强度效应对碳排放转移与经济增长脱钩的正向促进作用，而且产业自身在追求经济效益最大化的同时，也要以保护生态环境为己任，实现经济增长与环境保护双赢。

③ 在碳排放转移环境下，基于本书有关不同碳排放初始配额分配影响下区域协同减排发展的对比分析，为更好地促进区域协同减排发展，需进一步理解本书研究结论的内涵，并需要在政策上做好以下几个方面的引导工作：

一是区域差异导致碳排放初始配额分配对区域协同减排的影响效果不同，区域协同减排的发展阶段也不同。东部地区先动优势明显，地理位置优越，经济发展迅速，应该积极推进区域协同减排进程，带动中西部地区发展。碳配额初始分配政策下，西部地区的后发优势明显，资源丰富，减排潜力巨大。因此区域协同减排工作应该设立试点区域，先做好小范围试点区域间的协同减排工作，由此形成周边辐射作用，带动周边地区的区域协同减排，最终落实大区域间的区域协同减排工作。同时，要注重区域间文化产业的交流与合作，突破环境区域的界限，实现区域协同减排，努力实现政策协调，提高减排溢出效应。

二是东、中、西部地区的发展差异是我国区域协同减排发展进程中不容忽视的问题。区域减排的进行与经济发展和能源结构密切相关，归根结底是要依赖区域发展产业基础，因此应大力推进供给侧改革，优化升级产业结构，缓解区域经济发展不平衡问题，优化资源配置，降低煤炭消费比重，从根本上改善区域差距。首先，政府应该实行区域差异的产业布局方式。东、中、西部地区具有不同的资源优势和产业基础，应该加强中西部地区的后发优势，为区域发展制定合理的节能减排目标，并适当扩大中西部地区的产业范围，缩小与东部地区之间的差距。然后，针对能源结构不平衡问题，政府应大力支持建设东、中、西部能源运输管道。能源是限制产业发展的重要原因，我国区域跨度大，资源分布不均，煤炭、电力等管道的建设能极大促进区域协同发展，优化产业布局。

三是协同减排的发展需要多方努力，共同推进。首先，政府应加强节能减排政策的协同效应，区域在制定节能减排政策时，不能只着眼于本区域，要提出不仅符合本地发展的政策，还可以突破区域界限，加强区域之间的合作，从区域协同减排的全局考虑，设计制定协同减排政策。其次，企业发展应注重经济发展与环境保护的结合，考虑经济利益的同时，更要处理好经济发展与环保的关系，制订长远的发展计划。最后，社会方面应该加强群众节能减排意识，我国人口众多，巨大的人口压力对环境产生了不可估量的影响。提高全民减排意识，使其积极参与节能减排活动，激发其节能减排的积极性和主动性，也是促进区域协同减排的重要举措。

为促进区域协同减排进程，实现低碳经济发展，优化区域碳排放初始配额方案，在政策上应做好以下几个方面的工作：

一是政府在制定碳排放初始配额政策时，应该考虑兼顾稳定和激励两方面，一方面不应该只关注碳减排目标的实现，一味降低碳排放，这样会抑制区域发展，阻碍区域协同减排发展进程，应该保障区域经济正常运行，平稳发展；另一方面要体现出对区域减排活动的激励，过度宽松的初始碳配额导致碳市场交易价格过低、不利于碳交易工作的推进，需设计不同的分配方法及标准，对发展变化较大的地区要特别关注并及时做出调整，促进区域经济发展，共同推进协同减排。

二是运用基准线法计算初始碳配额时，应该调整分配标准来适应不同区域发展特征，保证做到公平公正，且不影响区域正常发展。从表4-11、表4-12可以看出，碳配额的合理分配是不影响区域发展的前提下促进减排的关键所在。过度严格或相对宽松的碳排放配额都不能达到促进区域协同减排的最佳效果。在制定初始碳配额政策时，应充分考虑区域经济发展和能源消费结构。区域经济发展和能源消费结构决定碳配额需求，碳配额政策决定碳配额供应，只有在供需平衡的条件下，政策与当地的实际发展情况相符合，才能达到政策实施的最佳效果。

三是全国碳交易市场建立后，更多的地区和企业将会加入，此时政府应该出台相关规定，制定交易准则、交易价格等。目前初始碳配额采用的是碳强度控制标准，后期的碳排放分配政策可以逐渐过渡到总量控制目标，实现更加严格的宏观调控手段，实施奖惩制度，促使区域、企业更加自动自愿地完成减排任务。

④ 微观供应链企业是碳排放转移宏观涌现的直接承担主体，基于本书有关供应链碳排放转移动机的形成、影响、优化，以及在竞合关系下考虑碳排放转移影响的供应链碳减排策略相关研究结论，在微观策略上，微观供应链企业角度应做好以下几点：

一是在制造商碳配额富余、供应商碳配额不足的情形下，当供应商的短缺量低于制造商的富余量时，双方都有碳排放转移的动机，这种碳排放转移导致产品批发价格下降，产品订购量提升，最终供应商和制造商的利润都得到提高，但供应链整体却产生了更多的碳排放量；当供应商的短缺量高于制造商的富余量时，供应商有碳排放转移的动机，而制造商没有碳排放转移的动机，碳排放转移不会在供应链企业间主动发生。此时，供应链企业间可以通过建立转移支付契约，促使碳排放转移发生，通过碳排放转移可以降低交易价格，提高交易数量，提高供应商和制造商利润的同时，降低供应链整体碳排放量。但转移支付契约的建立需要制造商的碳配额足够大,且制造商的碳配额越高,补贴率的可调动范围越大。因此,过高的制造商碳配额会促使供应链企业间碳转移主动发生,进而产生更高的碳排放量,过低的制造商碳配额不利于供应链企业间转移支付契约的建立,政府部门可以适当提高制造商的碳配额,引导企业间碳排放转移,促使供应链企业在提高整体绩效的同时,降低供应链整体碳排放量。

二是受供应链企业间碳转移影响,产品的市场需求增加,单位产品的减排率略有提高,供应商和制造商的利润也会得到相应增加,并且制造商因碳排放转移而增加的利润高于供应商增加的利润。与分散决策相比,集中决策下供应链企业单位产品减排率更高,产品的市场价格更高,供应链整体利润也更高。因此,供应链企业在进行减排决策时,要合理利用供应链企业间碳排放转移,并且加强上下游企业间合作,集中决策、联合减排,更好地提高供应链整体绩效。

三是在碳排放转移影响下,减排企业面临的政府最优碳政策强度提高,在集中决策下,最优碳政策强度的提高更加显著。因此,对于减排企业,政府应该制定更为严格的碳政策强度。政府在制定相应碳政策时,若不考虑碳排放转移的影响,对减排企业的调控效果无法达到最优。

四是受供应链企业间碳转移影响,在存在竞争关系的供应链中,供应商的减排率都不会受到碳排放转移的影响,但是供应商的减排率与制造商间竞争激烈程度正相关。制造商之间的竞争有助于上游供应商提高其减排效率。供应链间碳排放转移并不能减少供应链整体碳排放,制造商只是将碳排放转移给上游供应商,而这部分碳排放成本又以提高批发价格的方式转移给供应链中的制造商。因此,制造商向供应商转移碳排放时,会使其竞争者承担部分碳排放的成本,致使自身市场价格降低,竞争者的市场价格提高,从而享有一定的竞争优势。

在供应链网络环境下,当引入供应链企业间碳排放转移时,为引导碳排放合理转移、确保实现企业碳减排与经济发展双重目标,应做好以下几点：

一是在网络均衡状态下，由于网络内生的碳排放转移率的存在，确保了供应商的碳排放量在政府规定的配额范围之内；当政府放宽对制造商碳配额的限制时，制造商为了提高其利润会采取降低产品批发量、提高产品交易价格等方式；而当零售商产品的购买价格提高时，因为其在购买上付出了更多的成本，零售商会选择提高产品交易价格，以这种方式让自身的损失降低。

二是制造商、零售商较高的碳配额会导致供应商到制造商、制造商到零售商碳排放转移率的上升，碳排放转移率的上升会使供应链网络中网络均衡交易数量下降、网络均衡交易价格上升。

三是在市场需求变动的情形下，政府有关部门需要关注到碳排放转移率对碳配额政策制定产生的影响。当市场需求的规模开始出现变化时，区分碳配额高低情况的分界点发生了变化。随着碳排放转移率的增加，网络整体碳排放量呈下降趋势，网络整体利润呈下降趋势。因此，政府部门需密切关注市场需求变动情况下碳排放转移率对碳配额政策制定所带来的影响。

四是网络中成员为了实现网络均衡状态下各自的利润最大化，在面对市场需求变化的情形下，需根据碳排放转移率的范围，在一定程度上改变其运营决策。在碳排放转移率处于较低区间时，由于制造商的碳排放受制于碳配额，故市场需求规模的变动基本不会影响到制造商的经营决策；相反，由于市场需求出现波动性变化，零售商的产品交易价格和购买产品价格受到了一定程度的影响。在碳排放转移率处于较高区间时，制造商会依据市场需求规模的波动性变化去增加或者减少自身产品的制造量或者交易给零售商的产品价格等。在这种情形下，零售商的购买产品价格和产品交易价格则与市场需求的波动性变化情况无关。因此，供应链网络中的成员在面对市场需求变动时，需要根据碳排放转移率的范围，在一定程度上改变其运营决策，以实现均衡状态下的利润最大化目标。

8.2 研究展望

从碳排放转移宏观涌现规律来看,现有学者做了大量的研究工作,本书又在前人研究的基础上,综合考虑到区域和行业碳排放转移的特征、减排效应及经济溢出效应,并应用结构分解分析方法研究了产业碳排放转移结构分解及其结构优化策略,讨论了碳排放转移的强度效应、中间生产技术效应、投入规模效应和投入结构效应等。因此,在宏观上,后续的研究应注重以下 2 个方向的研究:

① 在综合现有研究的基础上,将其他影响因素纳入区域或产业间碳排放转移研究中,并需要在更为详细的区域或产业层面深入研究碳排放转移量化测度、分布特征、经济溢出效应及减排效应等基础内容。这将为完善碳排放转移宏观涌现规律提供新的理论和实践支撑。

② 现有有关区域或产业碳排放转移研究中,并未考虑不同类型碳排放转移问题。在探究碳排放转移宏观涌现规律时,不同的碳排放转移具有不同的表现形式,对碳排放转移规律的作用机理也是不同的。因此,就需要对不同类型的区域或产业碳排放转移的类型进行界定和识别,并有针对性地提炼不同类型碳排放转移差异的背后原因。这不仅有助于优化宏观层面的碳排放转移结构,而且也有助于政府从宏观上提出有针对性的减排政策体系。

从微观角度来看,本书首先主要针对供应链主体间碳排放转移动机、优化及其影响进行分析;其次,在竞合关系下分析了碳排放转移对供应链主体运营策略的影响;最后,分析了考虑碳排放转移影响的供应链网络均衡问题。从微观视角分析碳排放转移的形成、传导及优化将是未来碳排放转移相关领域研究的重点,可考虑从以下几个方面进一步展开系统的研究工作:

① 本书的研究主要是基于供应链成员是理性决策者,且供应链成员间信息是完全对称展开的。但在实际市场中,很多企业存

在谎报碳排放信息的行为,企业无法得到供应链成员的真实碳信息,也无法准确地对碳排放转移进行识别,即存在碳排放转移已发生,但碳排放转移的接收方并未察觉的情况。因此,后续研究中可以针对供应链企业间的谎报行为,研究信息不对称情况下供应链企业的碳排放转移问题。

② 在考虑碳排放转移情形时,将低碳产品功能的衍化纳入超网络考虑范围之内。本书在研究考虑碳排放转移情形下的超网络均衡问题时没有将低碳产品的功能衍化作为一个决策影响因素考虑进去。然而在现实生活中,公众的环境保护意识越来越强,消费者对低碳产品的需求越来越高,低碳产品的功能衍化会对消费者对产品的需求量带来一定的影响,低碳产品的功能衍化对供应链超网络各成员经营策略的影响也会更加明显。因此,在未来的研究中,可将低碳产品的功能衍化程度作为一个决策影响因素加入供应链超网络模型中。

③ 需加强碳排放转移对结构不同的供应链超网络均衡策略影响的研究。本书只考虑了碳排放转移对一个供应链网络之间均衡的影响,但是随着经济的快速发展和科学技术的不断进步,市场上会不断地出现 2 种甚至于 2 种类型以上的相互竞争的供应链网络。例如,考虑到碳排放转移等因素在传统供应链网络中已经广泛存在,以此为基础,市场上会慢慢形成一个新型的供应链网络,这个新型的供应链网络与传统的供应链网络有很大的差别,它将会采用更为先进的技术去生产。虽然更先进的技术被引用之后,会显著提高产品的质量,但不可避免地也会导致产品成本显著升高。在这个先进的技术没有被广大的消费者所熟知和认可之前,传统的供应链网络会与新型的供应链网络处于完全竞争且并存的状态。因此,如何将不同类型的供应链网络之间的竞争在超网络模型中完整地刻画出来,并得出一些有价值的结论,将会有更深层次的理论意义与实践意义。

④ 可将行为经济学中的后悔理论、自信理论等作为决策影响因素加入考虑碳排放转移影响的供应链超网络均衡研究中。为方

便研究,本书只考虑了不同碳配额情形下需求不确定型逆向供应链超网络均衡问题,而对如何界定不确定性本书并未做深入研究。可进一步将后悔理论及自信理论应用于不确定性因素的界定。通过设置后悔系数、自信系数界定不确定性可作为未来从微观视角研究碳排放转移的一个方向,这也是将行为经济学有效纳入供应链碳排放转移相关问题研究的一个新的思路,有望在供应链碳排放转移相关研究问题中得到更具有企业行为特征的理论创新。

参考文献

[1] Anand K S, Carrier F G. Pollution regulation: an operations perspective [R]. Working Paper, University of Utah, 2015.

[2] Allevi E, Oggioni G, Riccardi R, et al. Evaluating the carbon leakage effect on cement sector under different climate policies[J]. Journal of Cleaner Production, 2017: 163 (10): 320 - 337.

[3] Ang B W, Pandiyan G. Decomposition of energy-induced CO_2 emissions in manufacturing[J]. Energy Economics, 1997, 19(3): 363 - 374.

[4] Ang B W, Xu X Y, Su B. Multi-country comparisons of energy performance: the index decomposition analysis approach[J]. Energy Economics, 2015, 47: 68 - 76.

[5] Anselin L. Spatial econometrics: methods and models[M]. Boston, Kluwer Academic Publishers, 1988.

[6] Babiker M H. Climate change policy, market structure, and carbon leakage[J]. Journal of International Economics, 2005, 65: 421 - 445.

[7] Babiker M, Reilly J M, Jacoby H D. The Kyoto Protocol and developing countries[J]. Energy Policy, 2000, 28 (8), 525 - 536.

[8] Balan Sundarakani, Robert de Souza, Mark Goh, et al.

Modeling carbon footprints across the supply chain[J]. International Journal of Production Economics, 2010, 128(1): 43 - 50.

[9] Barrett S. Self-enforcing international agreements[J]. Oxford Economic Papers, 1994(46):878 - 894.

[10] Benjaafar S, Li Y, Daskin M. Carbon footprint and the management of supply chains: insights from simple models [J]. IEEE Transactions on Automation Science and Engineering, 2013, 10(1): 99 - 116.

[11] Bernie D, Soud A, Few S, et al. The role of advanced demand-sector technologies and energy demand reduction in achieving ambitious carbon budgets[J]. Applied Energy, 2019, 238: 351 - 367.

[12] Bin Su, Ang B W. Input-output analysis of CO_2 emissions embodied in trade: a multi-region model for China[J]. Applied Energy,2014,114: 377 - 384.

[13] Bin Su, Ang B W. Input-output analysis of CO_2 emissions embodied in trade: the effects of spatial aggregation[J]. Ecological Economics,2010, 7(15):10 - 18.

[14] Bin Su, Ang B W. Multi-region input-output analysis of CO_2 emissions embodied in trade: the feedback effects[J]. Ecological Economics,2011,71(15):42 - 53.

[15] Bin Su, Ang B W,Melissa Low. Input-output analysis of CO_2 emissions embodied in trade and the driving forces: processing and normal exports[J]. Ecological Economics, 2013(88):119 - 125.

[16] Bonney M,Jaber M Y. Environmentally responsible inventory models: non-classical models for a non-classical era [J]. International Journal of Production Economics,2011,

133(1):43 - 53.

[17] Cachon G P. Supply chain design and the cost of greenhouse gas emissions[R]. Philadelphia, PA: University of Pennsylvania, 2011.

[18] Cao K, Xu X, Wu Q, et al. Optimal production and carbon emission reduction level under cap-and-trade and low carbon subsidy policies [J]. Journal of Cleaner Production, 2017, 167: 505 - 513.

[19] Carraro C, Siniscalo D. Environmental innovation policy and international competition[J]. Environmental and Resource Economics, 1992, 2(2):183 - 200.

[20] Chaabane A, Ramudbin A, Paquet M. Design of sustainable supply chains under the emission trading scheme[J]. International Journal of Production Economics, 2012, 135 (1):37 - 49.

[21] Chen X, Benjaafar S, Elomri A. The carbon-constrained EOQ[J]. Operations Research Letters, 2013, 41(2): 172 - 179.

[22] Chia-Wei Hsu, Tsai-Chi Kuo, Sheng-Hung Chen, et al. Using DEMATEL to develop a carbon management model of supplier selection in green supply chain management [J]. Journal of Cleaner Production, 2013, 56: 164 - 172.

[23] Copeland B R, Taylor M S. Free trade and global warming: a trade theory view of the Kyoto Protocol[J]. Journal of Environmental Economics and Management, 2005, 49: 205 - 234.

[24] Daria Battini, Alessandro Persona, Fabio Sgarbossa. A sustainable EOQ model: theoretical formulation and applications[J]. International Journal of Production Econo-

mics, 2014, 149: 145 - 153.

[25] Dong J, Zhang D, Nagurney A. A supply chain network equilibrium model with random demands [J]. European Journal of Operational Research, 2004,156(1):194 - 212.

[26] Drake D F, Kleindorfer P R, Van Wassenhove L N. Technology choice and capacity portfolios under emissions regulation [J]. Production and Operations Management, 2016, 25(6): 1006 - 1025.

[27] Drumwright M E. Socially responsible organizational buying: environmental concern as a noneconomic buying criterion [J]. Journal of Marketing, 1994, 58(3):1 - 19.

[28] Du S F, Zhu L L, Liang L, et al. Emission-dependent supply chain and environment-policy-making in the "cap-and-trade" system [J]. Energy Policy, 2013, 57: 61 - 67.

[29] Fareeduddin M, Hassan A, Syed M N, et al. The impact of carbon policies on closed-loop supply chain network design[J]. Procedia CIRP,2015,26:335 - 340.

[30] Gerard I. J. M. Zwetsloot, Nicholas Askounes Ashford. The feasibility of encouraging inherently safer production in industrial firms[J]. Safety Science, 2003,41(2): 219 - 240.

[31] Gerlagh R, Kuik O. Spill or leak? Carbon leakage with international technology spillovers: a CGE analysis [J]. Energy Economics, 2014(45):381 - 388.

[32] Giuliana Battisti. Innovations and the economics of new technology spreading within and across users: gaps and way forward[J]. Journal of Cleaner Production, 2008, 16 (1): 22 - 31.

[33] Greening L A. Effects of human behavior on aggregate carbon intensity of personal transportation: comparison of

10 OECD countries for the period 1970—1993[J]. Energy Economics, 2004,26(1):1－30.

[34] Guan D,Refiner D M. Emissions affected by trade among developing countries[J]. Nature, 2009,462:159.

[35] Guo J E,Zhang Z K,Meng L. China's provincial CO_2 emissions embodied in international and interprovincial trade [J]. Energy Policy, 2012,42(1):486－497.

[36] Haddadsisakht A, Ryan S M. Closed-loop supply chain network design with multiple transportation modes under stochastic demand and uncertain carbon tax [J]. International Journal of Production Economics, 2018, 195: 118－131.

[37] Hatzigeorgiou E, Polatidis H, Haralambopoulos D. CO_2 emissions in Greece for 1990—2002: a decomposition analysis and comparison of results using the Arithmetic Mean Divisia Index and Logarithmic Mean Divisia Index techniques[J]. Energy, 2008, 33(3):492－499.

[38] He P,Zhang W, Xu X Y, et al. Production lot-sizing and carbon emissions under cap-and-trade and carbon tax regulations [J]. Journal of Cleaner Production,2015, 103:241－248.

[39] Hoen K M R,Tan T,Fransoo J C,et al. Effect of carbon emission regulations on transport mode selection in supply chains[R]. Eindhoven: Eindhoven University of Technology,2010.

[40] Liu H G, Liu W D, Fan X M. Carbon emissions embodied in value added chains in China[J]. Journal of Cleaner Production,2014:1－9.

[41] Hua G,Cheng T C E,Wang S. Managing carbon footprints in inventory management[J]. International Journal of Production Economics,2011,132(2):178－185.

[42] Jaber M Y, Glock C H, Saadany A M A E. Supply chain coordination with emissions reduction incentives[J]. International Journal of Production Research, 2013, 51(1):69 - 82.

[43] Joana M, Comas M, Jean-Sébastien T, et al. Carbon footprint and responsiveness trade-offs in supply chain network design[J]. International Journal of Production Economics, 2015, 166:129 - 142.

[44] Julia R. Climate policy and carbon leakage, impacts of the European Emissions Trading Scheme on Aluminium[J]. International Energy Agency, 2008(2):1 - 45.

[45] Kallbekken S, Flottorp L S, Rive N. CDM baseline approaches and carbon leakage[J]. Energy Policy, 2007, 35(8):4154 - 4163.

[46] Khalid A. Babakri, Robert A. Bennett, Subba Rao, et al. Recycling performance of firms before and after adoption of the ISO 14001 standard[J]. Journal of Cleaner Production, 2004, 12(6): 633 - 637.

[47] Kwon T H. Decomposition of factors determining the trend of CO_2 emissions from car travel in Great Britain (1970—2000)[J]. Ecological Economics, 2005, 53:261 - 275.

[48] Lan J, Malik A, Lenzen M, et al. A structural decomposition analysis of global energy footprints[J]. Applied Energy, 2016, 163(2):436 - 451.

[49] Leontief W. Environmental repercussions and the economic structure: an input-output approach[J]. The Review of Economics and Statistics, 1970, 52(3):262 - 271.

[50] Lesage J P, Anselin L, Raymond J, et al. A family of geographically weighted regression models in advances in spatial econometrics[M]. Berlin: Springer-Verlag, 2004:241 - 264.

[51] Yang Li, Wang J M, Shi J. Can China meet its 2020 economic growth and carbon emissions reduction targets? [J]. Journal of Cleaner Production, 2017,142(2): 993 - 1001.

[52] Li Y, Hewitt C N. The effect of trade between China and the UK on national and global carbon dioxide emissions [J]. Energy Policy, 2008, 36 (6), 1907 - 1914.

[53] Lise W. Decomposition of CO_2 emissions over 1980—2003 in Turkey[J]. Energy Policy,2006,34(14):1841 - 1852.

[54] Liu Z, Steven J D, Feng K S, et al. Targeted opportunities to address the climate—trade dilemma in China[J]. Nature Climate Change,2016(6):201 - 206.

[55] Lyu W, Li Y, Guan D, et al. Driving forces of Chinese primary air pollution emissions: an index decomposition analysis[J]. Journal of Cleaner Production, 2016(133): 136 - 144.

[56] McKibbin W, Ross M T, Shackleton R, et al. Emissions trading, capital flows and the Kyoto Protocol[J]. The Energy Journal,1999:287 - 333.

[57] Meng L, Guo J E, Chai J, et al. China's regional CO_2 emissions: characteristics, inter-regional transfer and emission reduction policies[J]. Energy Policy,2011,39(10):6136 - 6144.

[58] Miao Z W, Mao H Q, Fu K, et al. Remanufacturing with trade-ins under carbon regulations[J]. Computers & Operations Research,2018,89(1):253 - 268.

[59] Ming X, Ran L, Crittenden J C, et al. CO_2 emissions embodied in China's exports from 2002 to 2008: a structural decomposition analysis[J]. Energy Policy, 2011, 39(11): 7381 - 7388.

[60] Moran P. Notes on continuous stochastic phenomena[J].

Biometrika,1950(37): 17—23.

[61] Mustafa Babiker. Climate change policy, market structure,and carbon leakage[J]. Journal of International Economics,2005,65(2): 421-445.

[62] Nagurney A, Dong J,Zhang D. A supply chain network equilibrium model[J]. Transportation Research Part E, 2002,38(5):281-303.

[63] Nagurney A, Liu Z, Woolley T. Optimal endogenous carbon taxes for electric power supply chains with power plants[J]. Mathematical and Computer Modelling, 2006, 44(9):899-916.

[64] Peters G P, Weber C L, Guan D B,et al. China's growing CO_2 emissions:a race between increasing consumption and efficiency gains[J]. Environmental Science & Technology, 2007, 41(17):5939-5944.

[65] Peters G P, Hertwich E G. CO_2 embodied in international trade with implications for global climate policy[J]. Environmental Science & Technology, 2008, 42(5), 1401-1407.

[66] Andrew R,Peters GP,Lennox J. Approximation and regional aggregation in multi-regional input-output analysis for national carbon footprint accounting[J]. Economic Systems Research, 2009, 21(3):311-335.

[67] Reinaud J. Climate policy and carbon leakage,impacts of the European Emissions Trading Scheme on Aluminium [J]. International Energy Agency,2008(2):1-45.

[68] Ren J,Bian Y W,Xu X Y,et al. Allocation of product-related carbon emission abatement target in a make-to-order supply chain[J]. Computers & Industrial Engineering,2015, 80:181-194.

[69] Ren S G, Yuan B L, Ma X, et al. International trade, FDI (foreign direct investment) and embodied CO_2, emi-ssions: a case study of Chinas industrial sectors[J]. China Economic Review, 2014, 28(1):123 - 134.

[70] Felder S, Rutherford T F. Unilateral CO_2 reductions and carbon leakage: the consequences of international trade in oil and basic materials[J]. Journal of Environmental Economics & Management, 1993, 25(25):162 - 176.

[71] Samir Elhedhli, Ryan Merrick. Green supply chain network design to reduce carbon emissions[J]. Transportation Research Part D: Transport and Environment, 2012, 17(15): 370 - 379.

[72] Schaeffer R, Sa A L D. The embodiment of carbon associated with Brazilian imports and exports[J]. Fuel & Energy Abstracts, 1996, 37(3):955 - 960.

[73] Ren Shenggang, Yuan Baolong, Ma Xie, et al. International trade, FDI (foreign direct investment) and embodied CO_2 emissions: a case study of China's industrial sectors [J]. China Economic Review, 2014(28):123 - 134.

[74] Shui B, Harriss R C. The role of CO_2 embodiment in US-China trade[J]. Energy Policy, 2006, 34 (18), 4063 - 4068.

[75] Siebert. Environmental policy in the two-country-case[J]. Journal of Economics, 1979, 39(3/4):259 - 274.

[76] Hans-Wemer Sinn. Public polices against global warming: a supply side approach[J]. International Tax and Public Finance, 2008(15):360 - 394.

[77] Smulders S, Toman M, Withagen C. Growth theory and "green growth"[J]. Oxford Review of Economic Policy, 2014, 30 (3):423 - 446.

[78] Song J, Leng M. Analysis of the single-period problem under carbon emissions policies [J]. International Series in Operations Research & Management Science, 2012, 176 (2):297 - 312.

[79] Steffen Kallbekken, Line S. Flottorp, Nathan Rive. CDM baseline approaches and carbon leakage[J]. Energy Policy, 2007,35:4154—4163.

[80] Su B, Ang B W. Multi-region comparisons of emission performance: the structural decomposition analysis approach[J]. Ecological Indicators,2016,67(8):78 - 87.

[81] Su B, Huang H,Ang B W, et al. Input-output analysis of CO_2 emissions embodied in trade: the effects of sector aggregation [J]. Energy Economics, 2010,32(1):166 - 175.

[82] Sun L C, Wang Q W, Zhang J J. Inter-industrial carbon emission transfers in China: economic effect and optimization strategy[J]. Ecological Economics,2017(132):55 - 62.

[83] Sun L C,Wang Q W,Zhou P,et al. Effects of carbon emission transfer on economic spillover and carbon emission reduction in China[J]. Journal of Cleaner Production, 2016,112(1):1432 - 1442.

[84] Sun C, Ding D, Yang M. Estimating the complete CO_2 emissions and the carbon intensity in India: from the carbon transfer perspective[J]. Energy Policy, 2017, 109: 418 - 427.

[85] Susan Cholette, Kumar Venkat. The energy and carbon intensity of wine distribution: a study of logistical options for delivering wine to consumers[J]. Journal of Cleaner Production, 2009,17(16): 1401 - 1413.

[86] Toptal A,Özlü H,Konur D. Joint decisions on inventory

replenishment and emission reduction investment under different emission regulations[J]. International Journal of Production Research, 2014, 52(1): 243 - 269.

[87] G. İpek Tunç, Serap Türüt-Aşık, Elif Akbostancı. CO_2 emissions vs. CO_2 responsibility: an inpute-output approach for the Turkish economy[J]. Energy Policy, 2007, 35 (2): 855 - 868.

[88] Wang S, Wan L, Li T, et al. Exploring the effect of cap-and-trade mechanism on firm's production planning and emission reduction strategy [J]. Journal of Cleaner Production, 2018b, 172: 591 - 601.

[89] Wang X, Zhu Y, Sun H, et al. Production decisions of new and remanufactured products: implications for low carbon emission economy [J]. Journal of Cleaner Production, 2018a, 171: 1225 - 1243.

[90] Wassily Leontief. Environmental repercussions and the economic structure: an input-output approach[J]. The Review of Economics and Statistics, 1970, 52(3): 262 - 271.

[91] Weber C L, Matthews H S. Embodied environmental emissions in U. S. international trade, 1997—2004[J]. Environmental Science & Technology, 2007, 41(14): 4875 - 4881.

[92] Whalley J, Walsh S. Bringing the Copenhagen global climate change negotiations to conclusion[J]. CESifo Econ. Stud., 2009, 55: 255—285.

[93] Wiedmann T, Lenzen M, Turner K, et al. Examining the global environmental impact of regional consumption activities—part 2: review of input-output models for the assessment of environmental impacts embodied in trade[J]. Ecol. Econ., 2007, 61: 15 - 26.

[94] Wiedmann T. A review of recent multi-region input-output models used for consumption-based emission and resource accounting[J]. Ecol. Econ. , 2009, 69 (2), 211 - 222.

[95] Xie R, Hu G X, Zhang Y G, et al. Provincial transfers of enabled carbon emissions in China: a supply-side perspective[J]. Energy Policy, 2017, 107: 688 - 697.

[96] Xu X P, Zhang W, He P, et al. Production and pricing problems in make-to-order supply chain with cap-and-trade regulation [J]. Omega, 2017, 66: 248 - 257.

[97] Xu Y, Dietzenbacher E. A structural decomposition analysis of the emissions embodied in trade[J]. Ecological Economics, 2014, 101(5):10 - 20.

[98] Yan Y F, Yang L. China's foreign trade and climate change:a case study of CO_2 emissions[J]. Energy Policy, 2010,38(1):350 - 356.

[99] Yi Y, Li J. The effect of governmental policies of carbon taxes and energy-saving subsidies on enterprise decisions in a two-echelon supply chain [J]. Journal of Cleaner Production, 2018, 181: 675 - 691.

[100] Yingzhi X, Fang Z. Carbon reduction responsibility of China's industries based on the input-output analysis[J]. Industrial Economics Research, 2010,48:27 - 35.

[101] Yuan P, Cheng S. Determinants of carbon emissions growth in China: a structural decomposition analysis[J]. Energy Procedia, 2011(5):169 - 175.

[102] Zhang C T, Liu L P. Research on coordination mechanism in three-level green supply chain under non-cooperative game[J]. Applied Mathematical Modelling, 2013, 37 (5):3369 - 3379.

[103] Zhang J J,Nie T F,Du S F. Optimal emission-dependent production policy with stochastic demand[J]. International Journal of Society Systems Science,2011,3(2):21-39.

[104] Zhang M, Mu H, Ning Y, et al. Decomposition of energy-related CO_2 emission over 1991—2006 in China[J]. Ecological Economics, 2009, 68(7):2122-2128.

[105] Zhang W, Wang J, Zhang B,et al. Can China comply with its 12th five-year plan on industrial emissions control: a structural decomposition analysis[J]. Environmental Science & Technology, 2015(8):4816-4824.

[106] Zhang X, Huang K J. The empirical analysis on the carbon emission transfer by Sino-EU Merchandise Trade[J]. Journal of Research in Business,Economics and Management, 2016, 5(2):583-590.

[107] Zhou P, Ang B W, Han J Y. Total factor carbon emission performance:a malmquist index analysis[J]. Energy Economics,2010,32:194-201.

[108] 鲍健强,黄舒涵,苗阳. 碳源转移:国际碳交易市场的缺陷与对策研究[J]. 苏州大学学报(哲学社会科学版),2011,32(3):13-17.

[109] 曹斌斌,肖忠东,祝春阳. 考虑政府低碳政策的双销售模式供应链决策研究[J]. 中国管理科学,2018,26(4):30-40.

[110] 陈红敏. 包含工业生产过程碳排放的产业部门隐含碳研究[J]. 中国人口·资源与环境,2009, 19(3):25-30.

[111] 陈诗一. 能源消耗、二氧化碳排放与中国工业的可持续发展[J]. 经济研究, 2009(4):41-55.

[112] 陈晓玲,李国平. 我国地区经济收敛的空间面板数据模型分析[J]. 经济科学,2006(5):5-17.

[113] 程永伟, 穆东, 马婷婷. 混合碳政策下供应链减排决策优

化[J]. 系统管理学报，2017,26(5)：947-956.

[114] 杜少甫，董骏峰，梁樑. 考虑排放许可与交易的生产优化[J]. 中国管理科学，2009，17(3)：81-86.

[115] 杜运苏，张为付. 我国承接国际产业转移的碳排放研究[J]. 南京社会科学，2012(11)：22-28.

[116] 樊纲，苏铭，曹静. 最终消费与碳减排责任的经济学分析[J]. 经济研究，2010(1)：4-14.

[117] 冯根福，刘志勇，蒋文定. 我国东中西部地区间工业产业转移的趋势、特征及形成原因分析[J]. 当代经济科学，2010，32(2)：1-10.

[118] 郭朝先. 中国二氧化碳排放增长因素分析——基于 SDA 分解技术[J]. 中国工业经济，2010(12)：47-56.

[119] 郭莉，苏敬勤，徐大伟. 基于哈肯模型的产业生态系统演化机理研究[J]. 中国软科学，2005(11)：156-160.

[120] 何大义，马洪云. 碳排放约束下企业生产与存储策略研究[J]. 资源与产业，2011，13(2)：63-68.

[121] 何艳秋. 行业完全碳排放的测算及应用[J]. 统计研究，2012，29(3)：67-72.

[122] 胡渊，刘桂春，胡伟. 中国能源碳排放与 GDP 的关系及其动态演变机理——基于脱钩与自组织理论的实证研究[J]. 资源开发与市场，2015，31(11)：1358-1362.

[123] 蒋金荷. 中国碳排放量测算及影响因素分析[J]. 资源科学，2011，33(4)：597-604.

[124] 蒋雪梅，刘轶芳. 全球贸易隐含碳排放格局的变动及其影响因素[J]. 统计研究，2013(9)：29-36.

[125] 李斌，张晓冬. 中国产业结构升级对碳减排的影响研究[J]. 产经评论，2017(2)：79-92.

[126] 李丁，汪云林，牛文元. 出口贸易中的隐含碳计算——以水泥行业为例[J]. 生态经济，2009(2)：58-60.

[127] 李昊,赵道致.碳排放权交易机制对供应链影响的仿真研究[J].科学学与科学技术管理,2012,33(11):117-123.

[128] 李剑,苏秦,马俐.碳排放约束下供应链的碳交易模型研究[J].中国管理科学,2016,24(4):54-62.

[129] 李健,张伟正,吴成霞.集群式低碳供应链优化路径研究——基于ISM模型和NK模型[J].干旱区资源与环境,2015,29(1):1-5.

[130] 李琳,戴姣兰.中三角城市群协同创新驱动因素研究[J].统计与决策,2016(23):119-123.

[131] 李前进,周颖,孟令彤,等.碳税政策下基于成本分担的供应链协调研究[J].科技管理研究,2014,34(21):251-254.

[132] 李小平,卢现祥.国际贸易、污染产业转移和中国工业 CO_2 排放[J].经济研究,2010(1):15-26.

[133] 李艳梅,付加锋.中国出口贸易中隐含碳排放增长的结构分解分析[J].中国人口·资源与环境,2010,20(8):53-57.

[134] 李媛,赵道致,祝晓光.基于碳税的政府与企业行为博弈模型研究[J].资源科学,2013,35(1):125-131.

[135] 林光平,龙志和,吴梅.我国地区经济收敛的空间计量实证分析:1978—2002[J].经济学,2005(10):67-82.

[136] 刘超,慕静.碳排放政策不同和碳敏感度差异对于供应链的影响研究[J].中国管理科学,2017,25(9):178-187.

[137] 刘红光,刘卫东,范晓梅.贸易对中国产业能源活动碳排放的影响[J].地理学报,2011,4(4):590-600.

[138] 刘俊伶,王克,邹骥.中国贸易隐含碳净出口的流向及原因分析[J].资源科学,2014,36(5):979-987.

[139] 刘强,庄幸,姜克隽,等.中国出口贸易中的载能量及碳排放量分析[J].中国工业经济,2008,245(8):46-55.

[140] 刘祥霞,王锐,陈学中.中国外贸生态环境分析与绿色贸易转型研究——基于隐含碳的实证研究[J].资源科学,

2015,37(2):280－290.

[141] 刘莹. 基于哈肯模型的我国区域经济协同发展驱动机理研究[D]. 长沙:湖南大学,2014.

[142] 楼高翔,张洁琼,范体军,等.非对称信息下供应链减排投资策略及激励机制[J]. 管理科学学报,2016,19(2):42－52.

[143] 路正南,李晓洁.基于区域间贸易矩阵的中国各省区碳排放转移研究[J].统计与决策,2015(1):126－129.

[144] 骆瑞玲,范体军,夏海洋.碳排放交易政策下供应链低碳减排技术投资的博弈分析[J].中国管理科学,2014,22(11):44－53.

[145] 马翠萍,史丹.贸易开放与碳排放转移:来自中国对外贸易的证据[J].数量经济技术经济研究,2016,7:25－39.

[146] 马晶梅,赵志国.中韩双边贸易及贸易隐含碳的重新估算[J].生态经济,2018(3):14－17.

[147] 马秋卓,宋海清,陈功玉.碳配额交易体系下企业低碳产品定价及最优碳排放策略[J].管理工程学报,2014,2:127－136.

[148] 潘安.全球价值链视角下的中美贸易隐含碳研究[J].统计研究,2018(1):53－64.

[149] 陈迎,潘家华.谢来辉.中国外贸进出口商品中的内涵能源及其政策含义[J].经济研究,2008(7):11－25.

[150] 潘文卿.中国区域经济差异与收敛[J].中国社会科学,2010(1):72－84.

[151] 潘文卿.碳税对中国产业与地区竞争力的影响:基于 CO_2 排放责任的视角[J].数量经济技术经济研究,2015,32(6):3－20.

[152] 齐绍洲,王班班.碳交易初始配额分配:模式与方法的比较分析[J].武汉大学学报(哲学社会科学版),2013,66(5):19－28.

[153] 齐晔,李惠民,徐明.中国进出口贸易中的隐含碳估算[J].

中国人口·资源与环境,2008,18(3):8－13.
[154] 石敏俊,王妍,张卓颖,等. 中国各省区碳足迹与碳排放空间转移[J]. 地理学报,2012(10):1327－1338.
[155] 史丹. 中国能源效率的地区差异与节能潜力分析[J]. 中国工业经济,2006(10):49－58.
[156] 宋杰鲲. 山东省能源消费碳排放预测[J]. 技术经济,2012,31(1):82－85.
[157] 苏方林. 省域 R&D 知识溢出的 GWR 实证分析[J]. 数量经济技术经济研究,2007(2):145－153.
[158] 孙芬,曹杰. 基于 KMRW 模型的低碳供应链合作激励机制研究[J]. 财经问题研究,2011(12):45－49.
[159] 孙建. 中国区域技术创新的二氧化碳减排效应——基于宏观计量经济模型模拟分析[J]. 技术经济,2018,37(10):110－119.
[160] 孙立成,程发新,李群,区域碳排放空间转移特征及其经济溢出效应[J]. 中国人口·资源与环境,2014,24(8):17－23.
[161] 孙亚男. 碳交易市场中的碳税策略研究[J]. 中国人口·资源与环境,2014,24(3):32－40.
[162] 汪良兵,洪进,赵定涛,等. 中国高技术产业创新系统协同度[J]. 系统工程,2014,32(3):1－7.
[163] 王保乾,陈盼,杜根. 中国出口贸易隐含碳排放结构分解研究——基于中国与贸易伙伴国行业贸易碳排放数据的比较分析[J]. 价格理论与实践,2018(1):134－137.
[164] 王成一,李凌. 低碳供应链发展的企业战略探析[J]. 中国管理信息化,2016,19(18):88－89.
[165] 王道平,李小燕,张博卿. 信息非对称下考虑零售商促销努力竞争的供应链协调研究[J]. 工业工程与管理,2017,22(1):27－35.

[166] 王锋，陈进国，刘娟，等. 碳税对江苏省宏观经济与碳减排的影响——基于CGE模型的模拟分析[J]. 生态经济，2017(9).

[167] 王火根，沈利生. 中国经济增长与能源消费空间面板分析[J]. 数量经济技术经济研究，2007(12)：98-107.

[168] 王丽丽，陈国宏. 供应链式产业集群技术创新博弈分析[J]. 中国管理科学，2016，24(1)：151-158.

[169] 王仕卿. 基于企业基础组织运行系统的科研成果转化研究[D]. 天津：河北工业大学，2004.

[170] 王为东，卢娜，张财经. 空间溢出效应视角下低碳技术创新对气候变化的响应[J]. 中国人口·资源与环境，2018，28(8)：22-30.

[171] 王文军，谢鹏程，李崇梅，等. 中国碳排放权交易试点机制的减排有效性评估及影响要素分析[J]. 中国人口·资源与环境，2018，28(4)：26-34.

[172] 王雅楠. 基于GWR模型中国碳排放空间差异研究[J]. 中国人口·资源与环境，2016，26(2)：27-34.

[173] 王媛，王文琴，方修琦，等. 基于国际分工角度的中国贸易碳转移估算[J]. 资源科学，2011，33(7)：1331-1337.

[174] 韦韬，彭水军. 基于多区域投入产出模型的国际贸易隐含能源及碳排放转移研究[J]. 资源科学，2017，39(1)：94-104.

[175] 魏楚，沈满洪. 能源效率及其影响因素：基于DEA的实证分析[J]. 管理世界，2007(8)：66-76.

[176] 魏芳. 高技术产业系统的自组织演化机理研究[D]. 武汉：武汉理工大学，2006.

[177] 吴先华，郭际，郭雯倩. 基于商品贸易的中美间碳排放转移测算及启示[J]. 科学学研究，2011，29(9)：1323-1330.

[178] 吴献金，李妍芳. 中日贸易对碳排放转移的影响研究[J]. 资源科学，2012，34(2)：301-308.

[179] 吴义生.低碳供应链协同运作的演化模型[J].运筹与管理,2014,23(2):124-132.

[180] 吴玉鸣,李建霞.基于地理加权回归模型的省域工业全要素生产率分析[J].经济地理,2006,26(5):748-752.

[181] 吴玉鸣.空间计量经济模型在省域研发与创新中的应用研究[J].数量经济技术经济研究,2006(5):74-85.

[182] 吴玉鸣.中国省域经济增长趋同的空间计量经济分析[J].数量经济技术经济研究,2006(12):101-108.

[183] 武春友,刘岩,王恩旭.基于哈肯模型的城市再生资源系统演化机理研究[J].中国软科学,2009(11):154-159.

[184] 夏良杰,白永万,秦娟娟,等.碳交易规制下信息不对称供应链的减排和低碳推广博弈研究[J].运筹与管理,2018,27(6):37-45.

[185] 夏良杰,赵道致,李友东.基于转移支付契约的供应商与制造商联合减排[J].系统工程,2013,31(8):39-46.

[186] 肖雁飞,万子捷,刘红光.我国区域产业转移中"碳排放转移"及"碳泄漏"实证研究——基于2002年、2007年区域间投入产出模型的分析[J].财经研究,2014,40(2):75-84.

[187] 谢鑫鹏,赵道致.低碳供应链企业减排合作策略研究[J].管理科学,2013,3(26):108-119.

[188] 谢鑫鹏,赵道致.低碳供应链生产及交易决策机制[J].控制与决策,2014,29(4):651-658.

[189] 熊斌,葛玉辉.基于哈肯模型的科技创新团队系统演化机理研究[J].科技与管理,2011,13(4):47-50.

[190] 徐玉高,吴宗鑫.国际间碳转移:国际贸易和国际投资[J].世界环境,1998(1):24-29.

[191] 许士春,何正霞,龙如银.环境政策工具比较:基于企业减排的视角[J].系统工程理论与实践,2012,32(11):2351-2362.

[192] 薛勇,郭菊娥,孟磊.中国 CO_2 排放的影响因素分解与预测

[J]. 中国人口·资源与环境,2011, 21(5):106-112.
[193] 闫冰倩, 乔晗, 汪寿阳. 碳交易机制对中国国民经济各部门产品价格及收益的影响研究[J]. 中国管理科学, 2017, 25(7): 1-10.
[194] 闫云凤,杨来科. 中国出口隐含碳增长的影响因素分析[J]. 中国人口·资源与环境,2010,28(8):48-52.
[195] 杨光勇,计国君. 构建基于产品生命周期的低碳足迹供应链[J]. 厦门大学学报(哲学社会科学版),2013(2):65-74.
[196] 杨珺,卢巍. 低碳政策下多容量等级选址与配送问题研究[J]. 中国管理科学,2014,22(5):51-60.
[197] 杨仕辉,王平. 基于碳配额政策的两极低碳供应链博弈与分析[J]. 控制与决策,2016,31(5):924-928.
[198] 杨涛. 低碳经济下的多运输方式物流网络规划[J]. 陕西科技大学学报(自然科学版),2011,29(5):102-106.
[199] 姚亮,刘晶茹. 中国八大区域间碳排放转移研究[J]. 中国人口·资源与环境,2010,20(12): 16-19.
[200] 张兵兵, 徐康宁, 陈庭强. 技术进步对二氧化碳排放强度的影响研究[J]. 资源科学, 2014, 36(3):567-576.
[201] 张汉江,张佳雨,赖明勇. 低碳背景下政府行为及供应链合作研发博弈分析[J]. 中国管理科学,2015,23(10):57-66.
[202] 张靖江. 考虑排放许可与交易的排放依赖型生产运作优化[D]. 合肥:中国科学技术大学,2010.
[203] 张为付,李逢春,胡雅蓓. 中国 CO_2 排放的省际转移与减排责任度量研究[J]. 中国工业经济, 2014(3):57-69.
[204] 张晓平. 中国对外贸易产生的 CO_2 排放区位转移分析[J]. 地理学报,2009,2(2):234-242.
[205] 张友国. 区域间供给驱动的碳排放溢出与反馈效应[J]. 中国人口·资源与环境,2016,26(4):55-62.
[206] 张增凯,郭菊娥,安尼瓦尔·阿木提. 基于隐含碳排放的碳

减排目标研究[J].中国人口·资源与环境,2011,21(12):15-21.

[207] 张子龙，薛冰，陈兴鹏，等. 基于哈肯模型的中国能源—经济—环境系统演化机理分析[J]. 生态经济，2015，31(1):14-17.

[208] 赵道致,勾杰.考虑碳税征收的供应链纵向减排博弈研究[J].标准科学,2013(11):53-57.

[209] 赵道致,原白云,徐春明.低碳供应链纵向合作减排的动态优化[J].控制与决策,2014(7):1340-1344.

[210] 赵玉焕,李洁超.基于技术异质性的中美贸易隐含碳问题研究[J].中国人口·资源与环境,2013,23(12):28-34.

[211] 支帮东，陈俊霖，刘晓红. 碳限额与交易机制下基于成本共担契约的两级供应链协调策略[J]. 中国管理科学，2017，25(7)：48-56.

[212] 周艳菊,胡凤英,周正龙,等.最优碳税税率对供应链结构和社会福利的影响[J].系统工程理论与实践,2017,37(4):886-900.

[213] 朱永达，张涛，李炳军. 区域产业系统的演化机理和优化控制[J]. 管理科学学报，2001，4(3):73-78.